Ravi Ne

Contrôle de vitesse d'un moteur à induction basé sur un FPGA

Contrôle de vitesse d'un moteur à induction basé sur un FPGA

Ravi Ne

Contrôle de vitesse d'un moteur à induction basé sur un FPGA

ScienciaScripts

Imprint

Any brand names and product names mentioned in this book are subject to trademark, brand or patent protection and are trademarks or registered trademarks of their respective holders. The use of brand names, product names, common names, trade names, product descriptions etc. even without a particular marking in this work is in no way to be construed to mean that such names may be regarded as unrestricted in respect of trademark and brand protection legislation and could thus be used by anyone.

Cover image: www.ingimage.com

This book is a translation from the original published under ISBN 978-613-9-87926-7.

Publisher:
Sciencia Scripts
is a trademark of
Dodo Books Indian Ocean Ltd. and OmniScriptum S.R.L publishing group

120 High Road, East Finchley, London, N2 9ED, United Kingdom
Str. Armeneasca 28/1, office 1, Chisinau MD-2012, Republic of Moldova, Europe
Printed at: see last page
ISBN: 978-620-5-66201-4

TABLE DES MATIÈRES

Chapitre 1 2

Chapitre 2 4

Chapitre 3 6

Chapitre 4 19

Chapitre 5 27

Chapitre 6 35

Chapitre 7 46

CHAPITRE 1

INTRODUCTION

1.1   INTRODUCTION

Les moteurs à induction triphasés sont les moteurs les plus couramment utilisés dans les systèmes industriels de contrôle du mouvement. Les principaux avantages des moteurs à induction sont leur faible coût, leur conception simple et robuste et leur faible maintenance. Pour cette raison, ces moteurs sont souvent appelés le cheval de bataille de l'industrie du mouvement. Le moteur à cage d'écureuil est le type de moteur à induction le plus utilisé dans l'industrie.

En général, la plupart des applications industrielles qui contiennent un moteur à induction doivent faire varier leur vitesse. Cependant, les moteurs à induction ne peuvent fonctionner à leur vitesse nominale que lorsqu'ils sont connectés directement à l'alimentation électrique principale. C'est la raison pour laquelle les variateurs de vitesse sont nécessaires pour faire varier la vitesse du rotor d'un moteur à induction. L'algorithme le plus populaire pour le contrôle d'un moteur à induction triphasé est l'approche de contrôle V/f en boucle ouverte. Le fonctionnement des moteurs à induction dans le mode dit "constant volts/hertz" (V/f) est connu depuis plusieurs décennies et son principe est bien compris. Avec l'introduction des variateurs à semi-conducteurs, la commande V/f constante est devenue populaire et la grande majorité des variateurs de vitesse en service aujourd'hui sont de ce type.

En général, un microprocesseur de 8 bits peut effectuer la plupart des calculs nécessaires. Les contrôleurs basés sur des microprocesseurs sont plus économiques, mais ils sont souvent confrontés à des difficultés lorsqu'il s'agit de systèmes de contrôle nécessitant des vitesses élevées de traitement et de manipulation des entrées/sorties. Les progrès rapides des technologies numériques ont donné aux concepteurs la possibilité de mettre en œuvre un contrôleur sur une variété de dispositifs logiques programmables (PLD), de réseaux de portes programmables (FPGA), etc. Le FPGA est adapté à la mise en œuvre rapide d'un contrôleur et peut être programmé pour réaliser tout type de fonctions numériques. Il y a trois avantages principaux d'un FPGA par rapport à une puce de microprocesseur pour la conception d'un contrôleur :

> Un FPGA a la capacité de fonctionner plus rapidement qu'une puce de microprocesseur.

> Les nouveaux FPGA qui sont sur le marché supporteront du matériel de plus d'un million de portes, ce qui augmente la capacité de programmation.

> Grâce à la flexibilité du FPGA, des fonctionnalités supplémentaires et des commandes d'interface utilisateur peuvent être incorporées dans le FPGA, ce qui minimise le besoin de composants externes supplémentaires.

Les FPGA sont programmés à l'aide du langage de description matérielle des circuits intégrés à très haut débit (VHDL) et d'un câble de téléchargement connecté à un ordinateur hôte. Une fois qu'ils sont programmés, ils peuvent être déconnectés de l'ordinateur, et ils fonctionneront comme des dispositifs autonomes. Les FPGA peuvent être programmés pendant leur fonctionnement, car ils peuvent être reprogrammés en quelques microsecondes. Ce court délai signifie que le système ne sentira même pas que la puce a été reprogrammée. Les applications des FPGA comprennent les pilotes de moteurs industriels, les systèmes en temps réel, le traitement des signaux numériques, les systèmes aérospatiaux et de défense, l'imagerie médicale, la vision par ordinateur, la reconnaissance vocale, la cryptographie, l'émulation de matériel informatique et un nombre croissant d'autres domaines.

1.2 Motivation

Aujourd'hui, les FPGA sont une nouvelle technologie clé utilisée dans la mise en œuvre du matériel de contrôle moderne. Les fabricants modernes ont commencé à appliquer ces technologies dans leurs applications au lieu des traditionnelles, en raison du faible coût et des nombreuses fonctionnalités disponibles dans ces contrôleurs. Cela m'a motivé à étudier ce sujet.

1.3 Énoncé du problème

Développement d'un code matériel et d'un micrologiciel pour piloter un moteur à induction à cage d'écureuil triphasé de 415V-3.5HP dans des conditions de non-charge. Le contrôle de la vitesse se fera avec l'utilisateur de 0 à la vitesse nominale du moteur.

1.4 Objectifs

L'objectif principal de cette thèse est de construire un contrôleur V/f sur un kit FPGA et de le tester pour le contrôle de vitesse d'un moteur à induction triphasé à cage d'écureuil.

Les objectifs spécifiques comprennent :

> Améliorer la connaissance des FPGA.
> Améliorer les compétences en programmation VHDL.
> Construction d'un variateur de vitesse pour un moteur à induction triphasé.

1.5 Plan de la thèse

La thèse est organisée en six chapitres. Le chapitre 1 est l'introduction, le chapitre 2 est consacré aux références bibliographiques. Le chapitre 3 traite des principes de base du moteur à induction triphasé. Le chapitre 4 se concentre sur les bases de l'onduleur de source de tension et la technique pwm sinusoïdale. Le chapitre 5 porte sur l'implémentation logicielle FPGA et VHDL. Le chapitre 6 présente la conception du variateur de fréquence basé sur le FPGA. Le chapitre 7 est consacré aux résultats et explique les résultats de la simulation du programme ainsi que les résultats expérimentaux. Enfin, la conclusion du projet et les travaux futurs.

CHAPITRE 2

REVUE DE LA LITTÉRATURE

Eftichios Koutroulis et d'autres [1] ont discuté du développement d'une architecture de générateur PWM à haute fréquence pour le contrôle de convertisseurs de puissance utilisant des circuits FPGA et CPLD. La fréquence PWM résultante dépend de la classe de vitesse du FPGA ou du CPLD cible et des exigences de résolution du rapport cyclique. L'article conclut que si le générateur PWM est implémenté en logiciel, un certain nombre d'instructions est nécessaire, chacune étant exécutée dans des temps d'état qui sont des multiples de la période d'horloge du microcontrôleur, ce qui entraîne également une faible fréquence et/ou résolution PWM et l'unité de génération PWM est sensible au bruit et aux variations de valeur des composants.

Deepali Shimpi et autres [2] ont discuté de la génération d'impulsions de porte à l'aide d'un FPGA Actel Prosaic plus APA300, qui est un FPGA haute performance et haute capacité. Il a été mentionné que le besoin de prototypage rapide et de configuration reprogrammable est maintenant croissant dans le contrôle des convertisseurs de puissance. L'émergence des réseaux de portes programmables (FPGA) a attiré beaucoup d'attention en raison de leur cycle de conception plus court, de leur coût inférieur et de leur densité plus élevée, principalement dans les domaines du contrôle de la vitesse.

Ali. M. Eltamaly et autres [3] ont discuté d'une stratégie de contrôle de vitesse numérique pour un moteur à induction triphasé. La stratégie dépend de la variation de la tension du stator pour contrôler la vitesse du moteur à induction. La stratégie de contrôle est mise en œuvre en utilisant le FPGA. Une conception numérique détaillée du système de contrôle a été présentée en détail. La simulation et les résultats expérimentaux montrent un fonctionnement stable pour une large gamme de contrôle de la vitesse. L'article indique également que la simulation et les résultats expérimentaux montrent un fonctionnement stable pour une large gamme de contrôle de la vitesse. Étant donné que différentes parties du FPGA peuvent être configurées pour exécuter simultanément des fonctions indépendantes, ses performances ne sont pas liées à la fréquence d'horloge comme dans les DSP. Le FPGA fournit un contrôle à faible coût pour le moteur à induction par de nombreuses stratégies de contrôle.

Gustavo et d'autres [4] ont discuté de la réalisation matérielle numérique d'un simulateur en temps réel pour un entraînement complet de machine à induction en utilisant un réseau de portes programmables sur le terrain (FPGA) comme moteur de calcul. Le simulateur a été développé en utilisant le langage VHDL (Very High Speed Integrated Circuit Hardware Description Language), ce qui le rend flexible et portable. Un nouveau modèle basé sur les caractéristiques du dispositif et adapté à la mise en œuvre du FPGA a été proposé pour le convertisseur tension-source (VSC) à 2 niveaux et 6 impulsions basé sur un IGBT. Le simulateur modélise également une machine à induction à cage d'écureuil, un système de contrôle direct orienté champ, un schéma de modulation de largeur d'impulsion à vecteur spatial (SVPWM) et un système de mesure. La figure 2.1 ci-dessous montre les composants globaux de la simulation.

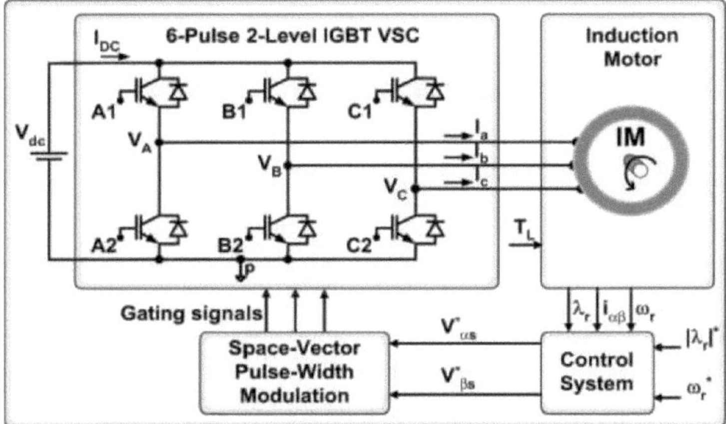

Figure 2.1 : Composants du système pour la simulation en temps réel

Milan C^v urkovic and others [5] discussed on présente un article sur un nouveau contrôleur de courant prédictif à structure variable basé sur la commutation pour une charge triphasée pilotée par un onduleur de puissance. Les spécifications de conception sont la robustesse aux paramètres électriques de la charge, la réponse dynamique rapide, la fréquence de commutation réduite et la mise en œuvre matérielle simple. Afin de répondre aux spécifications précédentes, un contrôleur à mode glissant a été développé, qui est conçu comme un automate à états finis, et mis en œuvre avec un dispositif FPGA (field-programmable gate array). Dans cet article, un nouveau contrôleur logique FPGA de couple et de vitesse est développé, analysé et vérifié expérimentalement. Il conclut que les contrôleurs numériques sont basés sur un matériel FPGA spécifique au lieu des solutions DSP courantes. Le principal avantage de cette méthode est que toute la logique est exécutée en continu et simultanément (opération simultanée), et que de nouveaux algorithmes à haute vitesse peuvent être utilisés de cette manière.

D'après la littérature ci-dessus, les FPGA ont certains avantages par rapport aux microcontrôleurs et aux DSP, comme suit

> Contrairement aux processeurs, les FPGA utilisent un matériel dédié pour la logique de traitement et ne disposent pas d'un système d'exploitation.

> Les FPGA sont véritablement parallèles par nature, de sorte que les différentes opérations de traitement ne doivent pas se disputer les mêmes ressources.

> Un seul FPGA peut remplacer des milliers de composants discrets en incorporant des millions de portes logiques dans une seule puce de circuit intégré (CI).

CHAPITRE 3

MOTEUR À INDUCTION TRIPHASÉ

3.1 INTRODUCTION

Les moteurs à induction à courant alternatif sont les moteurs les plus couramment utilisés dans les systèmes industriels de contrôle du mouvement, ainsi que dans les principaux appareils électroménagers. C'est pourquoi on les appelle souvent le cheval de bataille de l'industrie du mouvement. Les moteurs à induction sont plus robustes, nécessitent moins d'entretien et sont moins coûteux que les machines à courant continu à puissance et vitesse égales.

Figure 3.1 : Moteur à induction triphasé.

Les moteurs à induction sont construits à la fois pour un fonctionnement monophasé et triphasé. Les moteurs à induction triphasés sont largement utilisés pour des applications industrielles telles que les ascenseurs, les pompes, les ventilateurs d'extraction, les machines de meulage et de remplissage, etc. Les moteurs à induction monophasés, quant à eux, sont principalement utilisés pour les appareils électroménagers tels que les ventilateurs, les réfrigérateurs, les machines à laver, les pompes d'évacuation, etc. Différents types de moteurs à induction CA sont disponibles sur le marché. Les différents moteurs conviennent à différentes applications. Bien que les moteurs à induction à courant alternatif soient plus faciles à concevoir que les moteurs à courant continu, le contrôle de la vitesse et du couple dans différents types de moteurs à induction à courant alternatif nécessite une meilleure compréhension de la conception et des caractéristiques de ces moteurs.

3.2 CONSTRUCTION DE BASE ET PRINCIPE DE FONCTIONNEMENT

Comme la plupart des moteurs, un moteur à induction à courant alternatif possède une partie extérieure fixe, appelée stator, et un rotor qui tourne à l'intérieur, avec un entrefer soigneusement conçu entre les deux.

6

Pratiquement tous les moteurs électriques utilisent la rotation du champ magnétique pour faire tourner leur rotor. Un moteur à induction CA triphasé est le seul type où le champ magnétique rotatif est créé naturellement dans le stator en raison de la nature de l'alimentation. Les moteurs à courant continu dépendent d'une commutation mécanique ou électronique pour créer des champs magnétiques rotatifs. Un moteur à induction CA monophasé dépend de composants électriques supplémentaires pour produire ce champ magnétique rotatif. Deux jeux d'électro-aimants sont formés à l'intérieur de tout moteur. Dans un moteur à induction à courant alternatif, un jeu d'électroaimants est formé dans le stator en raison de l'alimentation en courant continu connectée aux enroulements du stator. La nature alternative de la tension d'alimentation induit une force électromagnétique (FEM) dans le rotor (tout comme la tension est induite dans le secondaire du transformateur) conformément à la loi de Lenz, générant ainsi un autre ensemble d'électro-aimants, d'où le nom de moteur à induction. L'interaction entre le champ magnétique de ces électroaimants génère une force de torsion, ou couple. En conséquence, le moteur tourne dans le sens du couple résultant.

3.2.1 CONSTRUCTION DES MOTEURS À INDUCTION

Un moteur à induction triphasé, illustré à la figure 3.2, comporte deux parties principales :
1. Stator.
2. Rotor.

Figure 3.2 : Construction d'un moteur à induction.

3.2.1.1. STATOR

Le stator est construit à partir de plusieurs fines lamelles d'aluminium ou de fonte. Elles sont poinçonnées et serrées ensemble pour former un cylindre creux (noyau du stator) avec des fentes, comme le montre la figure 3.3. Ces fentes contiennent des bobines de fils isolés. Chaque groupe de bobines, avec le noyau qu'il entoure, forme un électroaimant (une paire de pôles) lors de l'application d'une alimentation en courant alternatif. Le nombre de pôles d'un moteur à induction à courant alternatif dépend de la connexion interne des enroulements du stator. Les enroulements du stator sont connectés directement à la source d'alimentation. À l'intérieur, ils sont connectés de telle sorte que l'application d'une alimentation en courant alternatif crée un champ magnétique rotatif.

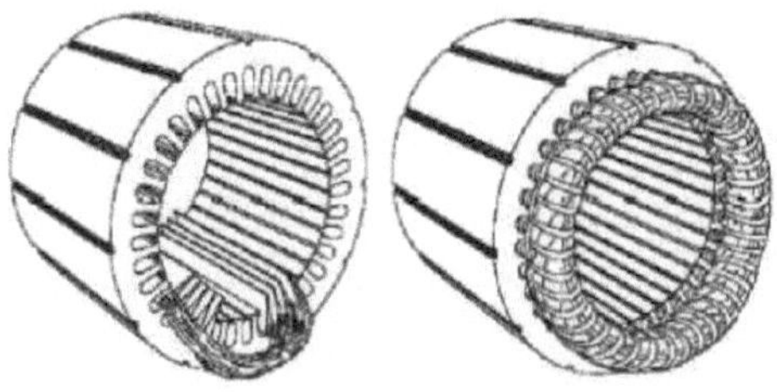

3.2.1.2. ROTOR

Le rotor est constitué de plusieurs fines lamelles d'acier avec des barres régulièrement espacées, qui sont composées d'aluminium ou de cuivre. Les moteurs à induction sont classés en deux catégories en fonction de la construction du rotor : les moteurs à cage d'écureuil et les moteurs à bague collectrice, mais la partie stator est la même dans les deux moteurs.

Les moteurs à cage d'écureuil représentent environ 90 % des moteurs à induction. Cela est dû à la construction la plus simple et la plus robuste de ce type de moteur. Le rotor est constitué d'un noyau cylindrique laminé avec des fentes parallèles placées axialement pour le passage des conducteurs. Chaque fente porte une barre de cuivre, d'aluminium ou d'alliage. Si les fentes sont semi-fermées, ces barres sont insérées par les extrémités. Ces barres de rotor sont court-circuitées en permanence aux deux extrémités au moyen d'anneaux d'extrémité, comme le montre la figure 3.4 . L'ensemble ressemble à une cage d'écureuil, ce qui donne son nom au rotor, comme le montre la figure 3.5.

Les fentes du rotor ne sont pas exactement parallèles à l'arbre. Au contraire, elles sont inclinées pour deux raisons principales. La première raison est de faire fonctionner le moteur silencieusement en réduisant le ronflement magnétique et de diminuer les harmoniques des encoches. La deuxième raison est de contribuer à réduire la tendance au blocage du rotor. Les dents du rotor ont tendance à rester bloquées sous les dents du stator en raison de l'attraction magnétique directe entre les deux. Cela se produit lorsque le nombre de dents du stator est égal au nombre de dents du rotor. Le rotor est monté sur l'arbre à l'aide de roulements à chaque extrémité ; une extrémité de l'arbre est normalement plus longue que l'autre pour entraîner la charge. Certains moteurs peuvent avoir un arbre accessoire sur l'extrémité non motrice pour monter des dispositifs de détection de vitesse ou de position. Entre le stator et le rotor, il existe un entrefer à travers lequel, par induction, l'énergie est transférée du stator au rotor. Le couple généré force le rotor, puis la charge, à tourner.

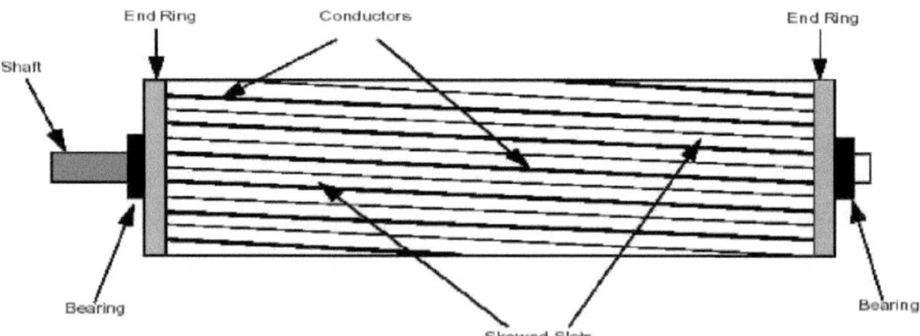

Figure 3.4 : Construction en cage d'écureuil.

Un rotor bobiné, comme le montre la figure 3.5, possède un enroulement triphasé, similaire à celui du stator. Les bornes de l'enroulement du rotor sont connectées à trois bagues collectrices qui tournent avec le rotor. Les bagues collectrices/balais permettent de connecter des résistances externes en série avec l'enroulement.

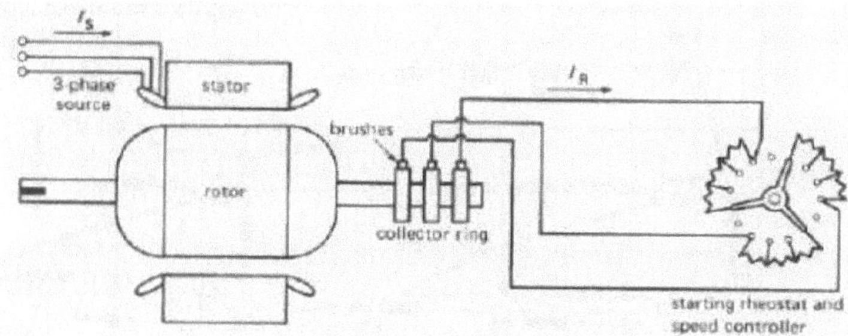

Figure 3.5 : rotor bobiné.

La résistance externe peut être utilisée pour augmenter le couple de démarrage du moteur et modifier la caractéristique vitesse-couple. Dans des conditions normales de fonctionnement, les bagues collectrices sont court-circuitées à l'aide d'un collier métallique externe, qui est poussé le long de l'arbre pour connecter les bagues. Ainsi, dans des conditions normales, le moteur à bagues fonctionne comme un moteur à cage d'écureuil. L'inconvénient du moteur à bagues est que les bagues et les balais doivent être entretenus régulièrement, ce qui représente un coût non applicable au moteur à cage standard. Ce type de moteur est utilisé dans les applications d'entraînement de charges à couple variable et à vitesse variable, comme dans les presses d'imprimerie, les compresseurs, les bandes transporteuses, les palans et les ascenseurs.

3.2.2 PRINCIPE DE FONCTIONNEMENT DU MOTEUR À INDUCTION À CAGE D'ÉCUREUIL

En raison de la comparaison ci-dessus entre les deux types dans cette thèse, le type à cage d'écureuil a été utilisé. Pour se familiariser avec le fonctionnement de ce type de moteurs, on peut considérer la série de conducteurs (longueur L) dont les extrémités sont court-circuitées par les barres A et B. Un aimant permanent se déplace à une vitesse v, de sorte que son champ magnétique balaie les conducteurs.

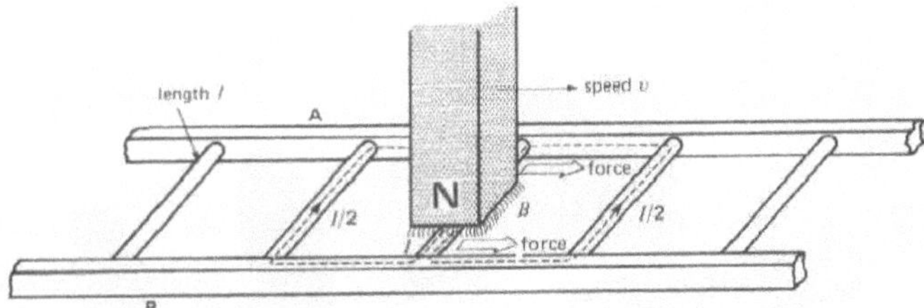

Figure 3.6 : Série de conducteurs de longueur l.

La séquence d'événements suivante se déroule :

> Une tension E = B*L*V est induite dans chaque conducteur pendant qu'il est coupé par le flux (loi de Faraday).

> où B est le champ magnétique, V est la vitesse linéaire, et B,I,V sont mutuellement perpendiculaires.

> La tension induite produit des courants qui circulent en boucle autour des conducteurs (à travers les barres).

Comme les conducteurs parcourus par le courant se trouvent dans un champ magnétique, ils subissent une force mécanique (force de Lorentz).

- La force agit toujours dans une direction qui entraîne le conducteur avec le champ magnétique.

Si l'échelle ci-dessus a été enfermée sur elle-même pour former une cage d'écureuil, et si on la place dans un champ magnétique rotatif, alors un rotor pour moteur à induction sera construit comme indiqué à la Figure 3.7.

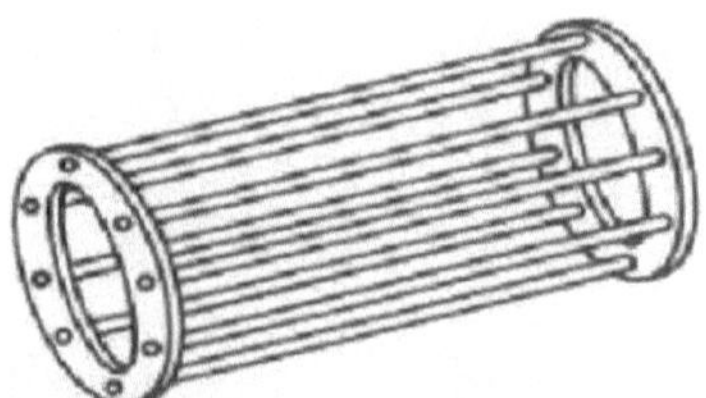

Figure 3.7 : Forme en cage d'écureuil.

3.3 CHAMP MAGNÉTIQUE ROTATIF

Il existe deux types de champ magnétique tournant dans le moteur à induction :

3.3.1 Champ magnétique dans le stator

Le stator représente la partie fixe du moteur qui consiste en un groupe d'électro-aimants individuels disposés de manière à former un cylindre creux, avec un pôle de chaque aimant tourné vers le centre du groupe. Le terme "stator" est dérivé du mot "stationnaire". Le rotor représente la partie tournante du moteur, qui consiste en un groupe d'électro-aimants disposés autour d'un cylindre, avec les pôles tournés vers les pôles du stator. Le rotor est situé à l'intérieur du stator et est monté sur l'arbre du moteur. Le terme "rotor" est dérivé du mot "rotation". L'interaction magnétique entre le stator et le rotor fait tourner l'arbre du moteur. Cette rotation se produit parce que les pôles magnétiques différents s'attirent et que les pôles semblables se repoussent. Si la polarité des pôles du stator est modifiée de telle sorte que leur champ magnétique combiné tourne, le rotor suivra et tournera avec le champ magnétique du stator.

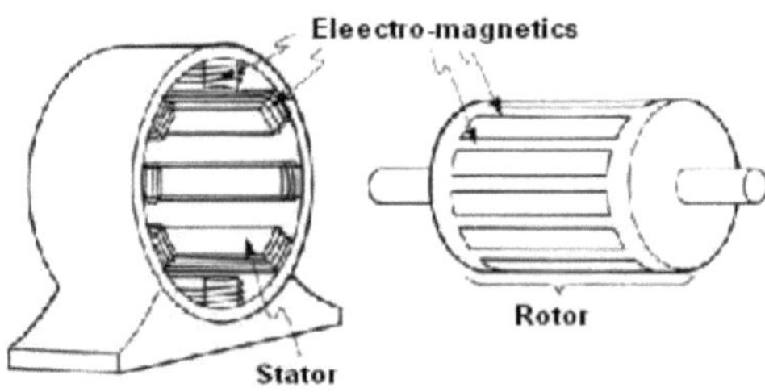

Figure 3.8 : Stator et rotor.

Pour se familiariser avec les principes fondamentaux des champs magnétiques tournants, on peut supposer que le stator possède six pôles magnétiques et le rotor deux pôles.

Au temps 1, les pôles A-1 et C-2 du stator sont des pôles nord et les pôles opposés, A-2 et C-1, sont des pôles sud. Le pôle S du rotor est attiré par les deux pôles N du stator et le pôle N du rotor est attiré par les deux pôles sud du stator.

Au temps 2, la polarité des pôles du stator est modifiée de sorte que C-2 et B-1 sont des pôles N et C-1 et B-2 des pôles S. Le rotor est alors forcé de tourner de 60 degrés pour s'aligner sur les pôles du stator, comme le montre la figure 3.9. Le rotor est alors forcé de tourner de 60 degrés pour s'aligner sur les pôles du stator, comme le montre la figure 3.9.

Au temps 3, B-1 et A-2 sont des pôles N.

Au temps 4, A-2 et C-1 sont des pôles N.

À chaque changement, les pôles du rotor sont attirés par les pôles opposés du stator. Ainsi, lorsque le champ magnétique du stator tourne, le rotor est forcé de tourner avec lui.

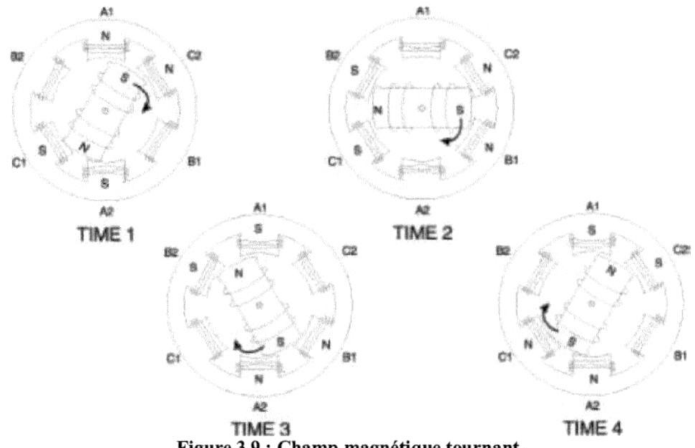

Figure 3.9 : Champ magnétique tournant.

Pour produire un champ magnétique tournant dans le stator d'un moteur à courant alternatif triphasé, nous devons coupler directement l'alimentation triphasée à la borne du stator. Chaque phase de l'alimentation triphasée est connectée à des pôles opposés et les bobines associées sont enroulées dans le même sens. Les polarités des pôles sont déterminées par le sens du courant qui traverse la bobine. Par conséquent, si deux électro-aimants de stator opposés sont enroulés dans le même sens, la polarité des pôles en regard doit être opposée. Par conséquent, lorsque le pôle A1 est N, le pôle A2 est S. Lorsque le pôle B1 est N, B2 est S et ainsi de suite. Les enroulements A_N, B_N, C_N sont mécaniquement espacés de 120 degrés les uns des autres. Les courants alternatifs I_a, I_b et I_c circulent dans les enroulements, mais sont décalés dans le temps. Chaque enroulement produit sa propre force électromotrice, qui crée un flux à travers l'intérieur creux du stator. Les trois flux se combinent pour produire un champ magnétique qui tourne à la même fréquence que l'alimentation.

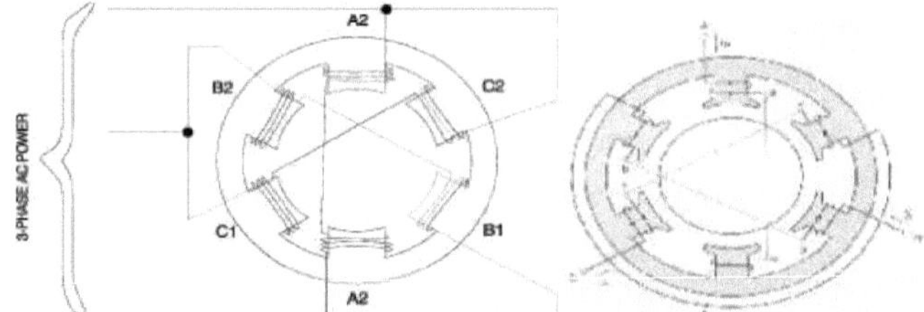

Figure 3.10 : Connexions du stator à six pôles.

Les formes d'onde des courants de phase se succèdent dans la séquence A-B-C. Cela produit un champ magnétique tournant dans le sens des aiguilles d'une montre. Si nous interchangeons deux lignes quelconques connectées au stator, la nouvelle séquence de phase sera A-C-B. Cela produira un champ tournant dans le sens inverse des aiguilles d'une montre, inversant ainsi le sens du moteur. Dans la pratique, les moteurs à induction ont des diamètres internes lisses, au lieu d'avoir des pôles saillants. De même, au lieu d'une seule bobine par pôle, plusieurs bobines sont logées dans des fentes adjacentes. Les bobines échelonnées sont connectées en série pour former un groupe de phase. L'étalement de la bobine de cette manière crée une distribution sinusoïdale du flux par pôle, ce qui améliore les performances et permet de réduire les coûts.

Figure 3.11 : Connexions du stator à six pôles.

La vitesse de rotation du flux tournant peut être réduite en augmentant le nombre de pôles (par multiples de deux). Dans un stator à quatre pôles, les groupes de phase couvrent un angle de 90 degrés. Dans un stator à six pôles, les groupes de phase couvrent un angle de 60 degrés et ainsi de suite. La figure 3.12 montre comment le champ magnétique tournant est produit. Au moment 1, le flux de courant dans les pôles de la phase "A" est positif, faisant de A-1 un pôle N et du pôle A-2 un pôle S. Le flux de courant dans les pôles de la phase "C" est négatif, faisant de C-2 un pôle N et de C-1 un pôle S. Il n'y a pas de flux de courant dans la phase "B", ces pôles ne sont donc pas magnétisés. Au temps 2, les phases se sont décalées de 60 degrés, ce qui fait que les pôles C-2 et B-1 sont tous deux N et que C-1 et B-2 sont tous deux S. Ainsi, lorsque les phases déplacent leur flux de courant, les pôles N et S résultants se déplacent dans le sens des aiguilles d'une montre autour du stator, produisant un champ magnétique tournant. Le rotor agit comme un aimant en forme de barre, tiré par le champ magnétique rotatif.

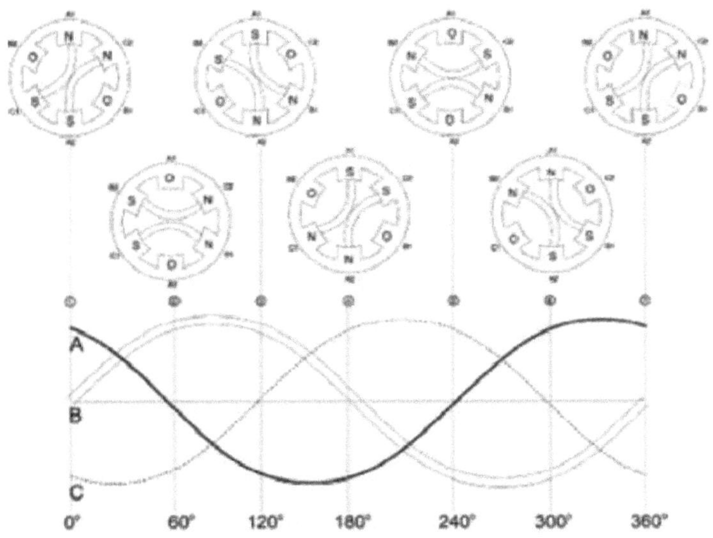

Figure 3.12 : Étapes du champ magnétique.

3.3.2 CHAMP MAGNÉTIQUE DANS LE ROTOR

Il n'y a pas d'alimentation électrique externe pour la partie rotor. Il s'agit d'un phénomène naturel qui se produit lorsqu'un conducteur contenant des barres d'aluminium, illustré à la figure 3.13, est déplacé à travers un champ magnétique existant ou lorsqu'un champ magnétique est déplacé devant un conducteur. Dans les deux cas, le mouvement relatif des deux provoque le passage d'un courant électrique dans le conducteur. On parle alors de courant "induit". En d'autres termes, dans un moteur à induction, le flux de courant dans le rotor n'est pas causé par une connexion directe des conducteurs à une source de tension, mais plutôt par l'influence des conducteurs du rotor qui coupent les lignes de flux produites par les champs magnétiques du stator. Le courant induit qui est produit dans le rotor entraîne un champ magnétique autour des conducteurs du rotor, comme le montre la figure 3.14. Ce champ magnétique autour de chaque conducteur du rotor fait que chaque conducteur du rotor agit comme un aimant permanent. Lorsque le champ magnétique du stator tourne, sous l'effet de l'alimentation en courant alternatif triphasé, le champ magnétique induit du rotor est attiré et suit la rotation. Le rotor est relié à l'arbre du moteur, de sorte que l'arbre tourne et entraîne la charge connectée.

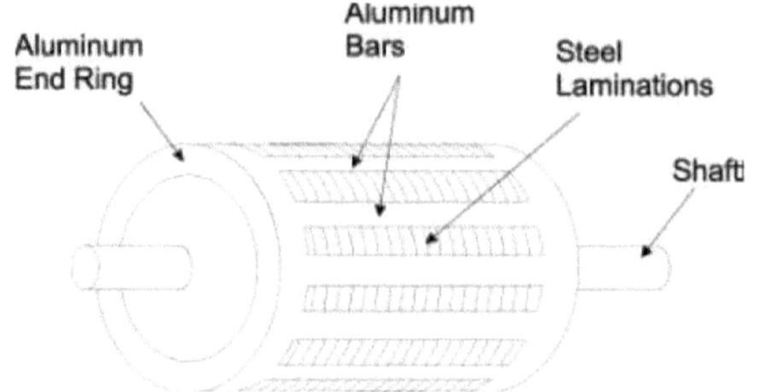

Figure 3.13 : Construction du rotor d'un moteur à induction à courant alternatif.

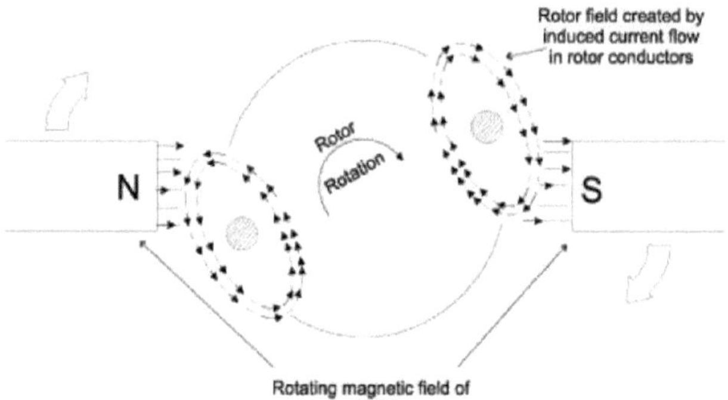

Figure 3.14 : Tension induite dans le rotor.

3.4 LA VITESSE D'UN MOTEUR À INDUCTION

Le champ magnétique créé dans le stator tourne à une vitesse synchrone *(Ns)* qui peut être obtenue à partir de la formule suivante :

$$N_s = 120 * \frac{f}{P} \qquad (1)$$

Où

Ns : La vitesse synchrone du champ magnétique du stator en RPM.

P : Le nombre de pôles du stator.

F : La fréquence d'alimentation en Hertz.

Le champ magnétique produit dans le rotor en raison de la tension induite est alternatif par nature. Pour réduire la vitesse relative, par rapport au stator, le rotor commence à tourner dans la même direction que celle du flux du stator et essaie de rattraper le flux en rotation. Cependant, dans la pratique, le rotor ne parvient jamais à "rattraper" le champ du stator. Le rotor tourne plus lentement que la vitesse du champ statorique. Cette vitesse est appelée la vitesse de base *(Nb)*. *La* différence entre *Ns* et *Nb* s'appelle le glissement. Le glissement varie en fonction de la charge. Une augmentation de la charge entraîne un ralentissement du rotor ou une augmentation du glissement. Une diminution de la charge entraîne une accélération du rotor ou une diminution du glissement. Le glissement est exprimé en pourcentage et peut être déterminé à l'aide de la formule suivante

$$\%slip = \frac{N_s - N_b}{N_s} * 100 \qquad (2)$$

3.4 ÉQUATION DE COUPLE RÉGISSANT LE FONCTIONNEMENT DU MOTEUR

Le système de charge du moteur peut être décrit par une équation fondamentale du couple.

$$T - T_l = J * \frac{d\omega_m}{dt} + \omega_m * \frac{dJ}{dt} \qquad (3)$$

Où :

T : La valeur instantanée du couple moteur développé (N.m).

Ti : La valeur instantanée du couple de charge (N.m).

ω_m : La vitesse angulaire instantanée de l'arbre du moteur (rad/sec).

J : Le moment d'inertie du système de charge du moteur (kg.m2)

Pour les entraînements à inertie constante, *(dJ/dt)* = 0. Par conséquent, l'équation serait la suivante :

$$T = T_l + J * \frac{d\omega_m}{dt} \qquad (4)$$

Cela montre que le couple développé par le moteur est contrebalancé par un couple de charge, T_l et un couple dynamique, $J\frac{d\omega_m}{dt}$. La composante du couple, $\frac{d\omega_m}{dt}$; est appelée couple dynamique car elle n'est présente que pendant les opérations transitoires. L'entraînement accélère ou décélère selon que T est supérieur ou inférieur à T_l . Pendant l'accélération, le moteur doit fournir non seulement le couple de charge, mais aussi une composante de couple supplémentaire $J\frac{d\omega_m}{dt}$, *afin de* surmonter l'inertie de l'entraînement. Dans les entraînements à forte inertie, tels que les trains électriques, le couple du moteur doit dépasser largement le couple de charge afin d'obtenir une accélération adéquate. Dans les entraînements nécessitant une réponse transitoire rapide, le couple moteur doit être maintenu à la valeur la plus élevée et le système de charge du moteur doit être conçu avec l'inertie la plus faible possible. L'énergie associée au couple dynamique, $J\frac{d\omega_m}{dt}$, est stockée dans ®S sous forme d'énergie cinétique (KE) donnée par, $J\frac{\omega_m^2}{2}$ Pendant la décélération, le couple dynamique, $J\frac{d\omega_m}{dt}$, a un signe négatif. Par conséquent, il assiste le couple développé *T du* moteur et maintient le mouvement d'entraînement en extrayant l'énergie de l'énergie cinétique stockée. En résumé, pour que le moteur tourne en régime permanent, le couple développé par le moteur *(T)* doit toujours être égal au couple requis par la charge (T_r). La courbe couple-vitesse du moteur à induction triphasé typique est illustrée à la figure 3.15.

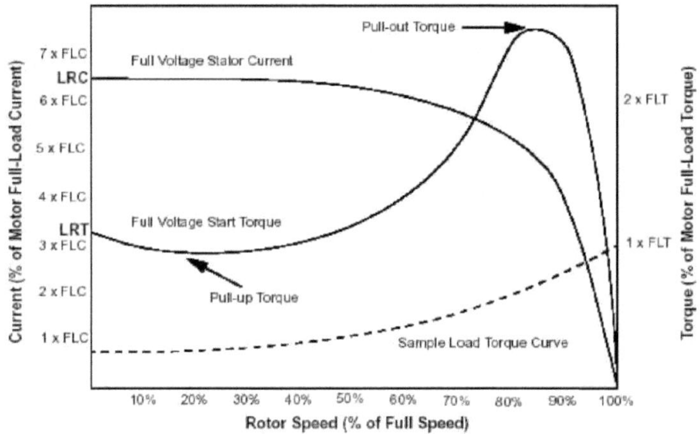

Figure 3.15 : Courbe couple-vitesse typique d'un moteur à induction CA triphasé.

3.5 THÉORIE DU CONTRÔLE V/F

La façon la plus courante de contrôler la vitesse de l'arbre du moteur est de faire varier la fréquence d'alimentation avec un pourcentage de tension constante sur la fréquence. Si le moteur à induction est alimenté avec sa tension et sa fréquence nominales, le flux produit sera à la valeur de conception optimale. Comme le montrent les caractéristiques vitesse-couple de la Figure 3.15, le moteur à induction consomme le courant nominal et fournit le couple nominal à la vitesse de base. Lorsque la charge est augmentée (surcharge), tout en fonctionnant à la vitesse de base, la vitesse diminue et le glissement augmente. Comme cela a été présenté dans la section précédente, le moteur peut supporter jusqu'à 3,5 fois le couple nominal avec une baisse de vitesse d'environ 20 %. Toute augmentation supplémentaire de la charge sur l'arbre peut faire caler le moteur. La réduction de la fréquence d'alimentation en dessous de la valeur nominale tout en maintenant la tension d'alimentation nominale entraînera une augmentation du flux du moteur. Si la fréquence est augmentée au-dessus de sa valeur nominale, le flux et donc le couple diminuent. La figure 3.16 illustre l'effet sur la caractéristique couple/vitesse du moteur de la variation de la fréquence de fonctionnement avec une tension d'alimentation constante.

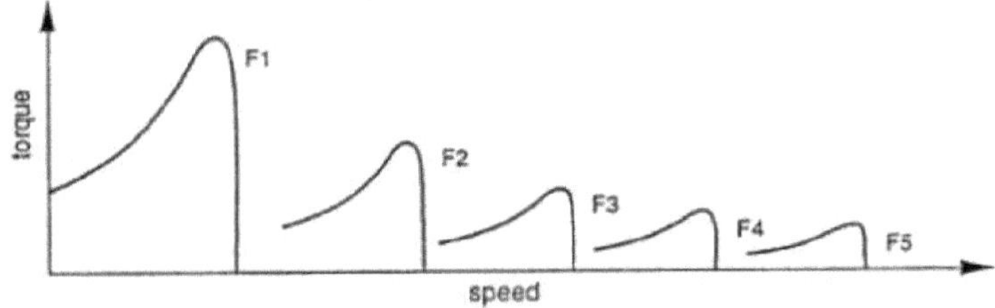

Figure 3.16 : Courbe caractéristique couple/vitesse due à une fréquence variable et une tension constante.

Le couple développé par le moteur est directement proportionnel au champ magnétique produit par le stator. Ainsi, la tension appliquée au stator est directement proportionnelle au produit du flux statorique et de la vitesse angulaire. Le flux produit par le stator est donc proportionnel au rapport entre la tension appliquée et la fréquence d'alimentation. En faisant varier la fréquence, on peut faire varier la vitesse du moteur. Par conséquent, en faisant varier la tension et la fréquence dans le même rapport, le flux et donc le couple peuvent être maintenus constants sur toute la plage de vitesse.

$$stator\ voltage\ (V)\alpha[Stator\ Flux(\phi)] * [Angular\ velocity(\omega)]$$

$$V\alpha\phi * 2\Pi f$$

$$\phi\alpha\ V/F$$

Avec une fréquence variable de l'alimentation, l'impédance du moteur varie avec la fréquence, influençant également le flux magnétique produit au niveau de l'entrefer du moteur. Comme le couple produit dans le moteur est fonction du flux magnétique de l'entrefer, il est nécessaire de compenser la variation de l'impédance du moteur en modifiant la tension appliquée au moteur pour maintenir un flux constant sur la plage de fréquence de fonctionnement . Pour ce faire, il faut augmenter la tension du moteur, Vs, aux fréquences les plus basses, ce que l'on appelle l'"amplification de la tension". La figure 3.17 illustre l'effet de

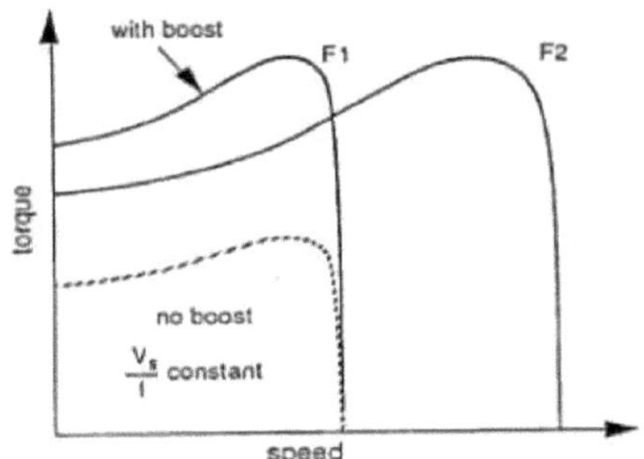

l'amplification de la tension sur la caractéristique couple/vitesse du moteur.

Figure 3.17 : Caractéristique couple/vitesse avec un rapport V/F constant.

La figure 3.18 montre la relation entre la tension et le couple en fonction de la fréquence. Elle montre que la tension et la fréquence augmentent jusqu'à la vitesse de base. À la vitesse de base, la tension et la fréquence atteignent les valeurs nominales indiquées sur la plaque signalétique. Il est possible d'entraîner le moteur au-delà de la vitesse de base en augmentant encore la fréquence. Cependant, la tension appliquée ne peut pas être augmentée au-delà de la tension nominale. Par conséquent, seule la fréquence peut être augmentée, ce qui entraîne un affaiblissement du champ et une réduction du couple disponible. Au-delà de la vitesse de base, les facteurs régissant le couple deviennent complexes, car les pertes par frottement et par vent augmentent considérablement à des vitesses plus élevées. Par conséquent, la courbe de couple devient non

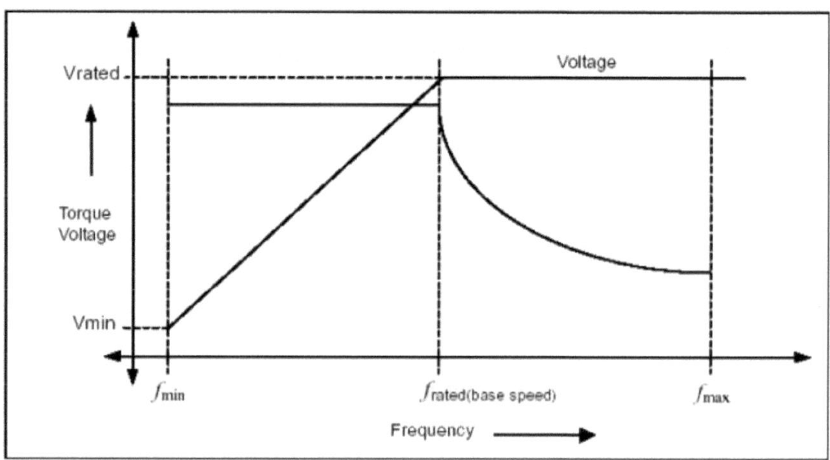

linéaire par rapport à la vitesse ou à la fréquence.

Figure 3.18 : Caractéristiques fréquence-couple avec commande V/F.

CHAPITRE 4

ONDULEUR DE SOURCE DE TENSION ET MÉTHODE PWM

4.1 INTRODUCTION

L'objectif principal des convertisseurs statiques de puissance est de produire une forme d'onde de sortie alternative à partir d'une alimentation en courant continu. Ce sont les types de formes d'onde requis dans les variateurs de vitesse (ASD), les alimentations sans coupure (UPS), les compensateurs statiques de tension, les filtres actifs, les systèmes de transmission flexibles en courant alternatif (FACTS) et les compensateurs de tension, pour ne citer que quelques applications. Pour les sorties sinusoïdales en courant alternatif, l'amplitude, la fréquence et la phase doivent être contrôlables.

Selon le type de forme d'onde de sortie en courant alternatif, ces topologies peuvent être considérées comme des onduleurs à source de tension (VSI), où la sortie en courant alternatif contrôlée indépendamment est une forme d'onde de tension. Ces structures sont les plus utilisées car elles se comportent naturellement comme des sources de tension, comme l'exigent de nombreuses applications industrielles, telles que les variateurs de vitesse (ASD), qui constituent l'application la plus populaire des onduleurs. De même, ces topologies peuvent être trouvées en tant qu'onduleurs de source de courant (CSI), où la sortie c.a. contrôlée indépendamment est une forme d'onde de courant. Ces structures sont encore largement utilisées dans les applications industrielles de moyenne tension, où des formes d'onde de tension de haute qualité sont requises. Les convertisseurs statiques de puissance, en particulier les onduleurs, sont construits à partir de commutateurs de puissance et les formes d'onde de sortie en courant alternatif sont donc constituées de valeurs discrètes. Cela conduit à la génération de formes d'onde qui présentent des transitions rapides plutôt que lisses.

Par exemple, la tension de sortie alternative produite par le VSI d'un ASD standard est une forme d'onde à trois niveaux (figure 4.3). Bien que cette forme d'onde ne soit pas sinusoïdale comme prévu (figure 4.2), sa composante fondamentale se comporte comme telle. Ce comportement doit être assuré par une technique de modulation qui contrôle la durée et la séquence utilisées pour activer et désactiver les valves de puissance. Les techniques de modulation les plus utilisées sont la technique basée sur la porteuse (par exemple, la modulation de largeur d'impulsion sinusoïdale, SPWM), la technique du vecteur spatial (SV) et la technique d'élimination sélective des harmoniques (SHE).

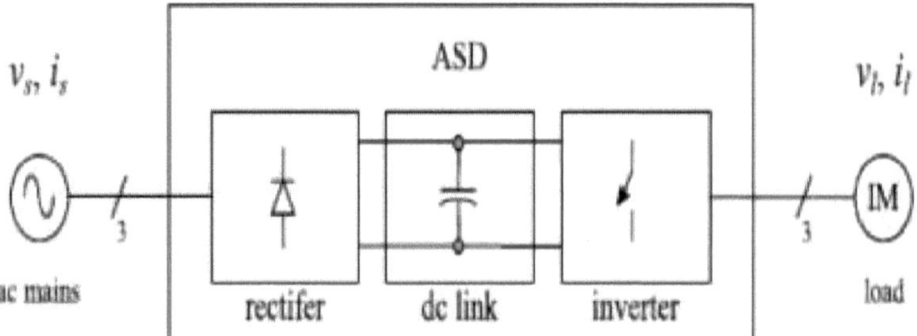

Figure 4.1 : La topologie de la conversion de l'énergie électrique ;

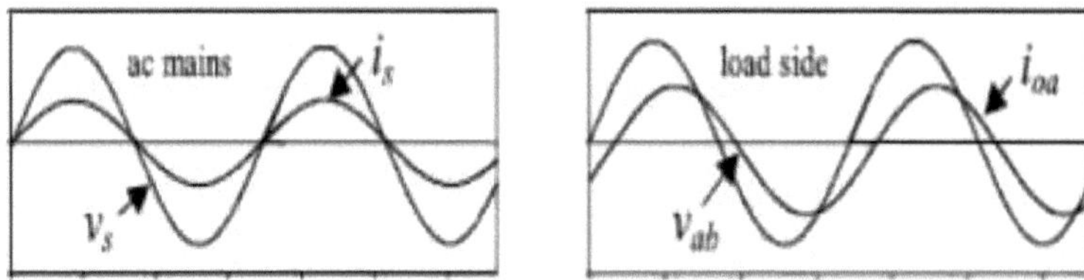

Figure 4.2 : Les formes d'onde idéales de l'entrée (réseau alternatif) et de la sortie (charge).

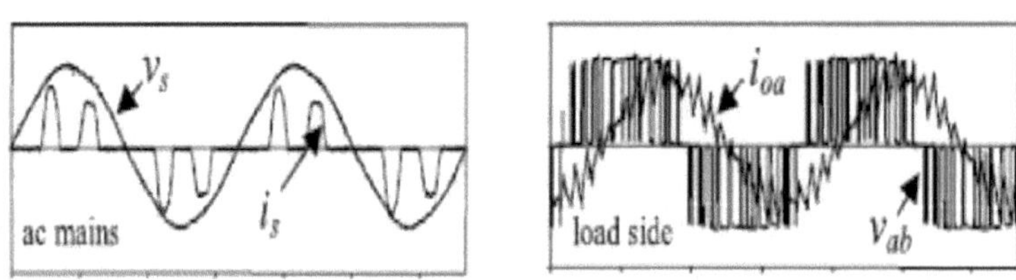

Figure 4.3 : Les formes d'onde réelles de l'entrée (réseau alternatif) et de la sortie (charge).

4.2. ONDULEURS MONOPHASÉS À SOURCE DE TENSION

Les onduleurs monophasés à source de tension (VSI) se présentent sous forme de topologies en demi-pont et en pont complet. Bien que la gamme de puissance qu'ils couvrent soit faible, ils sont largement utilisés dans les alimentations, les onduleurs monophasés et, actuellement, pour former des topologies élaborées de puissance statique élevée, comme par exemple les configurations multicellulaires.

4.2.1 DEMI-PONT VSI

La figure 4.4 montre la topologie de puissance d'un VSI en demi-pont, où deux grands condensateurs sont nécessaires pour fournir un point neutre N, de sorte que chaque condensateur maintienne une tension constante (Vi)/2. Comme les harmoniques de courant injectées par le fonctionnement de l'onduleur sont des harmoniques d'ordre inférieur, un ensemble de grands condensateurs (C+ et C-) est nécessaire. Il est clair que les deux commutateurs S+ et S- ne peuvent pas être activés simultanément car un court-circuit aux bornes de la source de tension de liaison continue Vi serait produit. Il existe deux états de commutation définis (états 1 et 2) et un état indéfini (état 3), comme le montre le tableau 4.1. Afin d'éviter le court-circuit aux bornes du bus continu et la condition de tension de sortie alternative indéfinie, la technique de modulation doit toujours garantir qu'à tout moment, le commutateur supérieur ou inférieur de la branche de l'onduleur est activé.

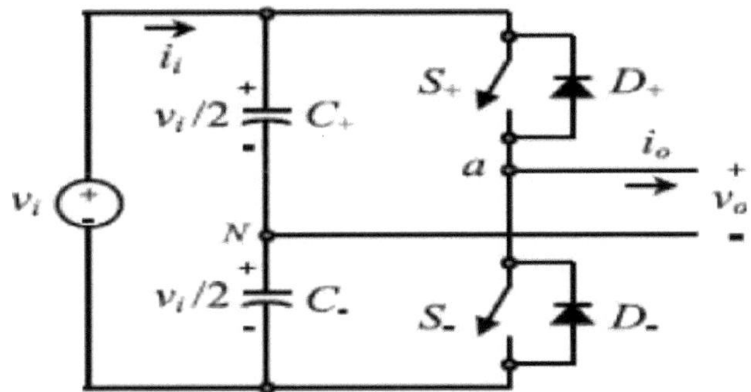

Figure 4.4 : VSI en demi-pont monophasé.

Tableau 4.1 : États de commutation pour un VSI monophasé en demi-pont

States of switches	State	Output Voltage
"S+" is On "S-" is Off	1	v/2
"S+" is Off "S-" is On	2	-v/2
"S+" is Off "S-" is Off	3	0

4.2.2 VSI FULL-BRIDGE

La figure 4.5 montre la topologie de puissance d'un VSI en pont complet. Ce convertisseur est similaire au convertisseur en demi-pont ; toutefois, une deuxième branche fournit le point neutre à la charge. Comme on peut s'y attendre, les deux commutateurs S1+ et S1- (ou S2+ et S2-) ne peuvent pas être activés simultanément car un court-circuit aux bornes de la tension de la liaison CC se produit.

car un court-circuit aux bornes de la source de tension Vi de la liaison CC serait produit. Il existe quatre états de commutation définis (états 1, 2, 3 et 4), comme le montre le tableau 4.2. On peut observer que la tension de sortie alternative peut prendre des valeurs allant jusqu'à la valeur de la liaison continue Vi, qui est le double de celle obtenue avec les topologies VSI en demi-pont. Plusieurs techniques de modulation ont été développées et sont applicables aux VSI en pont complet. Parmi elles, on trouve les techniques PWM (bipolaires et unipolaires).

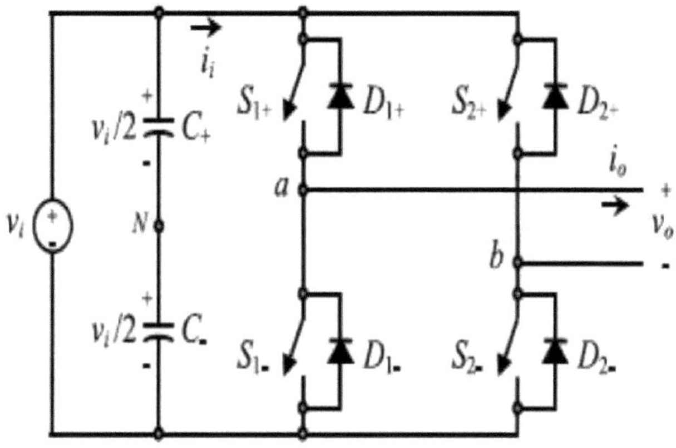

Fig. 4.5 : VSI monophasé à pont complet.

Tableau 4.2 : États de commutation pour l'onduleur en pont complet

Switch state		State	Va	Vb	V
ON	OFF				
S1+ S2-	S1- S2+	1	v/2	-v/2	v
S1- S2+	S1+ S2-	2	-v/2	v/2	-v
S1+ S2+	S1- S2-	3	v/2	-v/2	0
S1- S2-	S1+ S2+	4	-v/2	v/2	0

4.4. ONDULEURS TRIPHASÉS À SOURCE DE TENSION

Les VSI monophasés couvrent les applications de faible puissance et les VSI triphasés les applications de moyenne à forte puissance. L'objectif principal de ces topologies est de fournir une source de tension triphasée, où l'amplitude, la phase et la fréquence de la tension d'alimentation sont déterminées par les caractéristiques de la source.

Les tensions doivent toujours être contrôlables. Bien que la plupart des applications requièrent des formes d'onde de tension sinusoïdales (par exemple, ASD, UPS, FACTS, compensateurs VAR), des tensions arbitraires sont également requises dans certaines applications émergentes (par exemple, filtres actifs, compensateurs de tension).

La topologie standard d'un VSI triphasé est illustrée à la figure 4.6 et les huit états de commutation valides sont indiqués au tableau 4.3. Comme dans les VSI monophasés, les commutateurs de n'importe quelle branche de l'onduleur (S1 et S4, S3 et S6, ou S5 et S2) ne peuvent pas être activés simultanément car cela entraînerait un court-circuit sur la tension d'alimentation de la liaison CC. De même, afin d'éviter des états indéfinis dans le VSI, et donc des tensions de ligne de sortie c.a. indéfinies, les commutateurs de n'importe quelle branche de l'onduleur ne peuvent pas être désactivés simultanément car cela entraînerait des tensions qui dépendraient de la polarité du courant de ligne respectif. Parmi les huit états valides, deux d'entre eux (1 et 8 dans le tableau 3) produisent des tensions de ligne alternatives nulles. Dans ce cas, les courants de ligne alternatifs passent en roue libre par les composantes supérieure ou inférieure. Les autres états (2 à 7 dans le tableau 3) produisent des tensions de sortie c.a. non nulles. Afin de générer une forme d'onde de tension donnée, l'onduleur passe d'un état à un autre. Ainsi, les tensions de sortie c.a. résultantes sont constituées de valeurs discrètes de tensions qui sont Vi , 0 et -Vi pour la topologie présentée sur la figure. 4.6. La sélection des états afin de générer la forme d'onde donnée est effectuée par la technique de modulation qui doit garantir l'utilisation des seuls états valides.

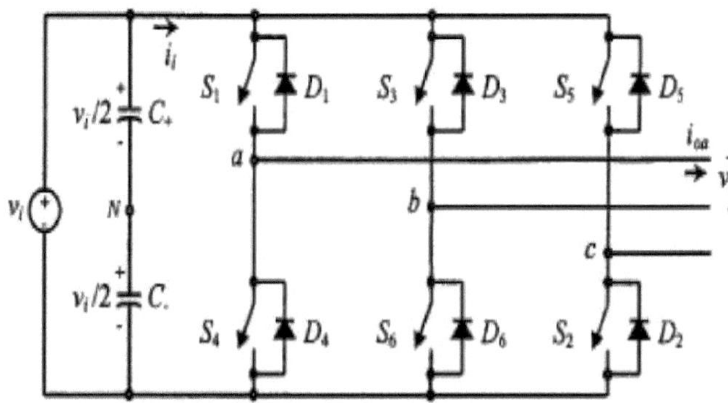

Figure 4.6 : VSI standard triphasé

Tableau 4.3 : États de commutation pour l'onduleur en pont complet

Switch states		STATE	Van	Vbn	Vcn
ON	OFF				
S4,S6,S2	S1,S3,S5	1	0	0	0
S1,S6,S2	S4,S3,S5	2	2/3Vdc	-1/3Vdc	-2/3Vdc
S1,S2,S3	S4,S5,S6	3	1/3Vdc	1/3Vdc	-2/3Vdc
S2,S3,S4	S5,S6,S1	4	-1/3Vdc	2/3Vdc	-1/3Vdc
S3,S4,S5	S1,S6,S2	5	-2/3Vdc	1/3Vdc	1/3Vdc
S4,S5,S6	S1,S2,S3	6	-1/3Vdc	-1/3Vdc	2/3Vdc
S5,S6,S1	S3,S4,S5	7	1/3Vdc	-2/3Vdc	1/3Vdc
S1,S3,S5	S4,S6,S2	8	0	0	0

Figure 4.6 : topologie d'un VSI triphasé.

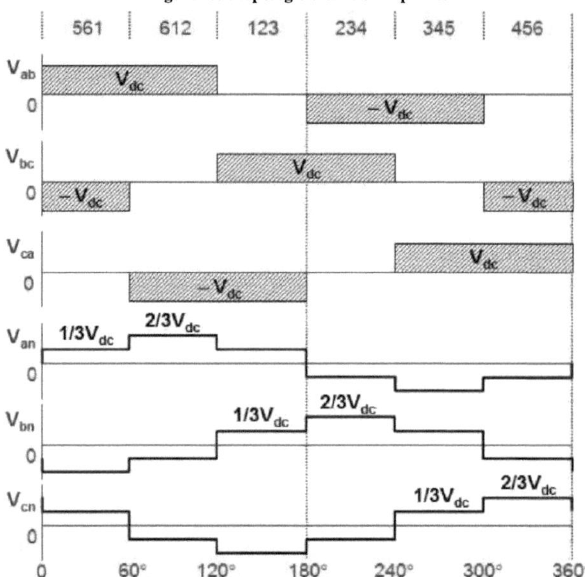

Fig. 4.7 Formes d'onde des tensions de ligne à neutre (phase) et des tensions de ligne à ligne pour un onduleur à source de tension à six étapes.

D'après la figure 4.7, il est clair que nous pouvons changer la fréquence en modifiant les périodes de conduction des interrupteurs. Mais nous ne pouvons pas faire varier la magnitude proportionnellement à la fréquence. Pour modifier à la fois l'amplitude et la fréquence, nous devons utiliser les techniques PWM.

4.5 MÉTHODE PWM : PWM TRIANGLE SINUSOÏDAL

C'est l'une des techniques PWM simples utilisées pour produire une sortie sinusoïdale à partir de l'onduleur. Cette technique consiste à comparer l'onde triangulaire de la fréquence de commutation avec l'onde sinusoïdale de la fréquence requise. En fonction de la comparaison de la magnitude des deux signaux, les impulsions nécessaires pour activer les commutateurs sont produites.

La figure 4.8 montre un onduleur à une branche comportant deux commutateurs. La figure 4.9 montre le PWM nécessaire pour obtenir une sortie sinusoïdale. L'onde triangulaire est comparée à l'onde sinusoïdale. Si l'amplitude de l'onde sinusoïdale est supérieure à celle de l'onde triangulaire, l'interrupteur supérieur est activé et produit Vdc/2. Si l'amplitude de l'onde sinusoïdale est inférieure à celle de l'onde triangulaire, le commutateur inférieur est activé et produit -Vdc/2. Le modèle de la tension de sortie ressemble au signal de modulation. Ainsi, en faisant varier la fréquence et l'amplitude du signal de modulation, la tension de sortie de l'onduleur peut également être modifiée.

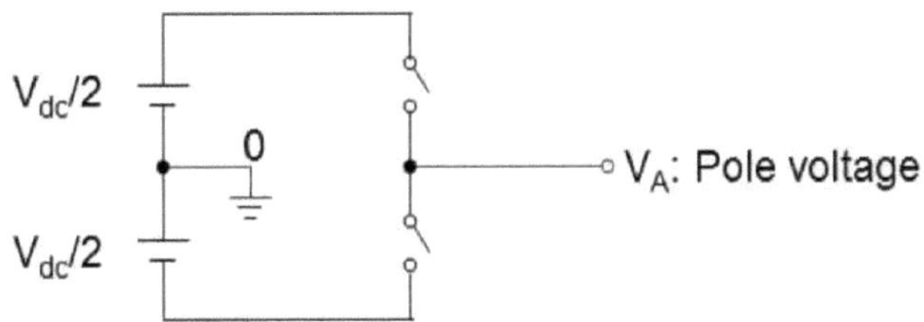

Figure 4.8 : Onduleur à une jambe

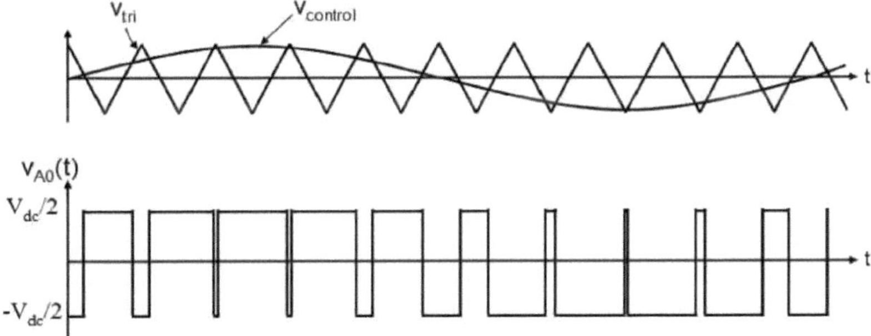

Figure 4.9 : PWM à triangle sinusoïdal pour un onduleur à une branche

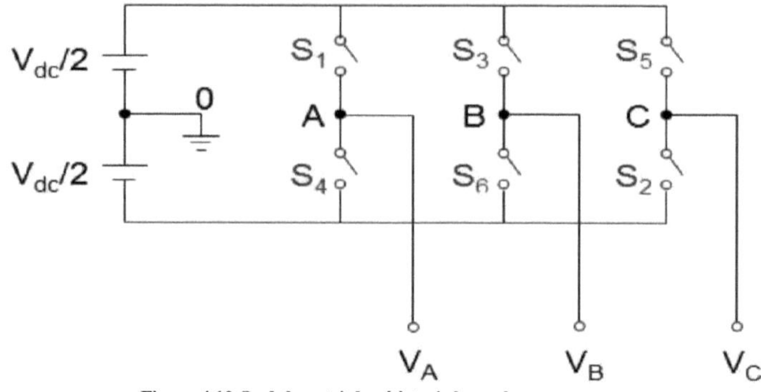

Figure 4.10 Onduleur triphasé à trois branches

Pour l'onduleur triphasé à source de tension présenté dans la figure 4.10, le signal pwm utilisé pour générer une onde sinusoïdale triphasée avec un déphasage de 120 degrés est produit en comparant l'onde sinusoïdale triphasée avec un déphasage de 120 degrés (signal de modulation) avec l'onde triangulaire de la fréquence de commutation. La figure 4.11 montre que v_{A0}, v_{B0} et v_{C0} sont des tensions de phase et V_{AB}, V_{BC} et V_{CA} sont des tensions de ligne à ligne.

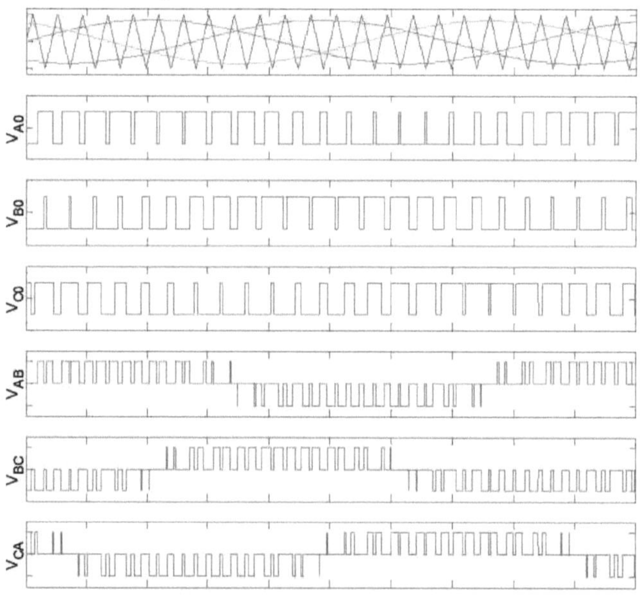

Figure4.11:3 phase sine triangle PWM signals

CHAPITRE 5

ARRAYS DE PORTE PROGRAMMABLES PAR FOND (FPGA)

5.1 INTRODUCTION

Les FPGA (Field Programmable Gate Arrays) sont un type de dispositifs logiques programmables (PLD). Ils constituent un circuit intégré qui peut être configuré par l'utilisateur afin de mettre en œuvre des fonctions logiques numériques de complexité variable. Les FPGA peuvent être utilisés très efficacement à des fins de contrôle dans des processus exigeant un temps de cycle de boucle très élevé. L'un des avantages fondamentaux des FPGA par rapport aux DSP ou autres microprocesseurs est la liberté de programmation du parallélisme. Étant donné que différentes parties du FPGA peuvent être configurées pour exécuter simultanément des fonctions indépendantes, ses performances ne sont pas liées à la fréquence d'horloge comme dans les DSP. Ce fait permet aux FPGA de s'imposer par rapport aux puces de calcul à usage général dans la mise en œuvre des systèmes de contrôle numérique.

5.2 HISTORIQUE DU PLDS

À la fin des années 1970, les dispositifs logiques standard tels que les portes ET, OU, NON-ET et autres portes de base avec des cartes de circuit imprimé chargées de ces dispositifs étaient les techniques les plus en vogue dans la conception électronique. Puis une nouvelle idée est apparue, qui a donné aux concepteurs la possibilité de mettre en œuvre différentes interconnexions dans un dispositif plus grand. Cela permettrait aux concepteurs d'intégrer de nombreux dispositifs logiques standard dans une seule pièce. Pour offrir le nec plus ultra en matière de flexibilité de conception, Ron Cline de Signetics™ (qui a ensuite été racheté par Philips puis finalement par Xilinx) a eu l'idée du dispositif logique programmable. Un dispositif logique programmable ou PLD est un composant électronique utilisé pour construire des circuits numériques reconfigurables. Contrairement à une porte logique, qui a une fonction fixe, un PLD a une fonction indéfinie au moment de sa fabrication et, avant de pouvoir être utilisé dans un circuit, il doit être programmé. Le premier type de famille de PLD qui est apparu sur le marché est appelé réseau logique programmable (PLA). Les PLA ont deux plans programmables, comme illustré à la figure 5.1. Ces deux plans fournissent n'importe quelle combinaison de portes "AND" et "OR", ainsi que le partage des termes AND entre plusieurs OR. Cette architecture était très flexible, mais à l'époque, la géométrie des plaquettes de 10 pm rendait le délai d'entrée/sortie (ou délai de propagation T_{pd}) élevé, ce qui rendait les dispositifs relativement lents.

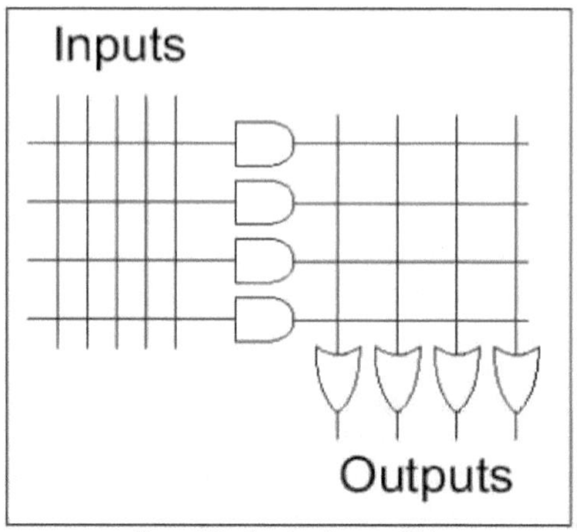

Figure 5.1 : Constructions en PLA.

Après que des problèmes de fabrication aient été appliqués au PLA, celui-ci a été modifié pour devenir la logique à matrice programmable (PAL). Cette nouvelle architecture, illustrée à la Figure 5.2, différait de la précédente par le fait que l'un des plans programmables (réseau OU) était fixe. L'architecture PAL présentait également l'avantage d'un T_{pd} plus rapide et d'un logiciel moins complexe, mais sans la flexibilité de la structure PLA. Cette catégorie de dispositifs PLD est souvent appelée PLD simple ou SPLD.

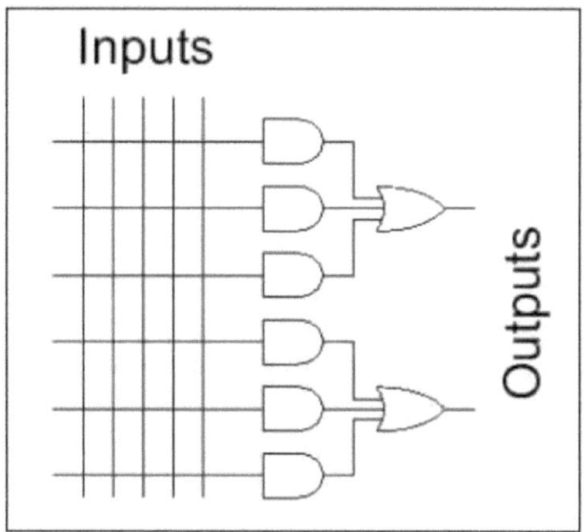

Figure 5.2 : Constructions PAL.

L'architecture comportait un maillage de pistes d'interconnexion horizontales et verticales. À chaque jonction se trouvait un fusible. À l'aide d'outils logiciels, les concepteurs pouvaient sélectionner les jonctions qui ne seraient pas connectées en "faisant sauter" tous les fusibles indésirables. Ce processus était réalisé par un programmateur de périphérique. Les broches d'entrée étaient connectées à l'interconnexion verticale. Les pistes horizontales étaient connectées à des portes ET-OU, également appelées "termes produits". Celles-ci étaient à leur tour connectées à des bascules dédiées, dont les sorties étaient connectées aux broches de sortie. Les SPLD fournissaient jusqu'à 50 fois plus de portes dans un seul boîtier que les dispositifs logiques discrets. La technologie PLD a évolué depuis les premiers jours avec des entreprises telles que Xilinx qui produisent des dispositifs CMOS à très faible consommation basés sur la technologie de la mémoire flash. Les PLD flash offrent la possibilité de programmer les dispositifs à l'infini, en programmant et en effaçant électriquement le dispositif. Les dispositifs logiques programmables complexes (CPLD), illustrés à la figure 5.3, sont un autre moyen d'étendre la densité des PLD simples. Le concept est d'avoir quelques blocs PLD ou macrocellules sur un seul dispositif avec une interconnexion d'usage général entre les deux. Les chemins logiques simples peuvent être implémentés dans un seul bloc. Une logique plus sophistiquée nécessitera plusieurs blocs et utilisera l'interconnexion générale entre eux pour réaliser ces connexions.

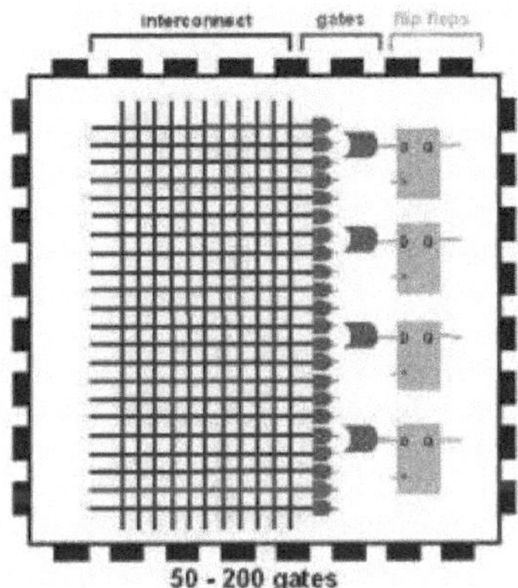

Figure 5.3 : Architecture CPLD.

En 1985, la société Xilinx a lancé une idée totalement nouvelle. Le concept consistait à combiner le contrôle de l'utilisateur et le délai de mise sur le marché des PLD avec les densités et les avantages financiers des réseaux de portes. Cette idée a plu à de nombreux clients, et le FPGA est né. Le terme s'applique le plus souvent aux dispositifs électroniques qui contiennent un réseau d'éléments logiques identiques pouvant être configurés à l'aide d'une procédure de programmation pour reproduire un circuit logique particulier.

5.3 FPGAS CONSTRUCTION

Un FPGA normal est généralement contenu dans un seul boîtier en silicium qui peut également contenir une certaine forme d'éléments de mémoire. Comme le montre la Figure 5.4, l'élément logique comporte une table de conversion programmable et un registre (bascule). La table de consultation peut exécuter n'importe quelle fonction logique sur les entrées disponibles pour produire une sortie logique unique. La sortie finale est soit cette nouvelle valeur, soit la valeur précédente (stockée dans la bascule), bien que l'élément logique puisse avoir plus de quatre entrées.

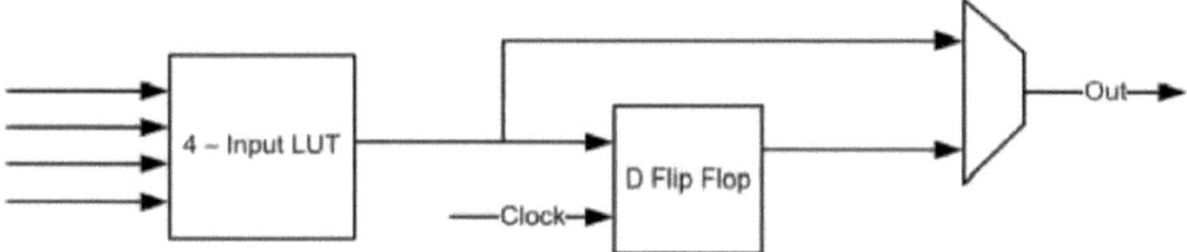

Figure 5.4 : Élément logique du FPGA

La figure 5.5 illustre la manière dont les blocs logiques sont disposés pour former une matrice à l'intérieur du FPGA. Les configurations varient légèrement d'un fabricant à l'autre, mais tous utilisent un type de matrice de commutation programmable au point de croisement des lignes d'interconnexion des blocs logiques. Grâce aux commutateurs programmables et aux éléments logiques programmables, le système peut être configuré pour imiter n'importe quelle combinaison de fonctions logiques, à condition que la conception globale puisse être adaptée au nombre d'éléments logiques et de commutateurs disponibles. Il existe deux types fondamentaux de FPGA : Les reprogrammables basés sur la SRAM et les programmables à l'infini (OTP). Ces deux types de FPGA diffèrent par l'implémentation de l'élément logique et le mécanisme utilisé pour établir des connexions dans le dispositif. Le type dominant de FPGA est basé sur la SRAM et peut être reprogrammé par l'utilisateur aussi souvent qu'il le souhaite. En fait, un FPGA SRAM est reprogrammé chaque fois qu'il est mis sous tension. C'est pourquoi il faut une mémoire morte programmable en série (SPROM) ou une mémoire système avec chaque FPGA SRAM. Les FPGA programmables une seule fois (OTP) utilisent des anti-fusibles pour établir des connexions permanentes dans la puce et ne nécessitent donc pas de SPROM ou d'autres moyens pour télécharger le programme dans le FPGA. Cependant, chaque fois que vous modifiez votre conception, vous devez jeter la puce.

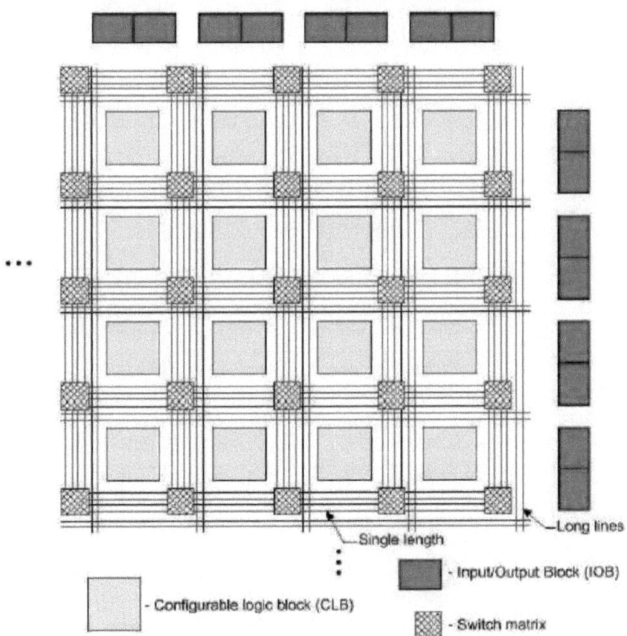

Figure 5.5 : Structure d'un standard FPGA de Xilinx.

5.4 ASIC vs FPGA comme choix de conception

Par rapport aux PLD, il existe un autre type de dispositifs numériques non programmables appelés circuits intégrés spécifiques à une application (ASIC). Un ASIC est un circuit intégré (IC) personnalisé pour un usage particulier, plutôt que destiné à un usage général. En adaptant soigneusement chaque ASIC à une tâche donnée, le concepteur d'ordinateurs peut produire une puce plus petite, moins chère, plus rapide et consommant moins d'énergie qu'un processeur programmable. Une puce graphique pour un ordinateur personnel (PC), par exemple, peut tracer des lignes ou peindre des images sur l'écran 10 ou 100 fois plus vite qu'une unité centrale de traitement à usage général. L'ASIC doit être fabriqué sur une chaîne de production, un processus qui prend plusieurs mois, avant de pouvoir être utilisé ou même testé. Les ASIC présentent des avantages considérables, car ils sont conçus dans un but précis : ils sont très rapides, leurs circuits sont efficaces et leur coût est plus faible pour une production en grande série. Les inconvénients sont qu'il faut du temps au fournisseur d'ASIC pour fabriquer et tester les pièces et que le processus de conception, de test et de mise en place d'installations de fabrication pour la production d'un ASIC est généralement très coûteux. Dans les cas où le marché pour un certain dispositif est important et où la reprogrammabilité n'est pas une priorité, il est possible d'utiliser un ASIC.

Ce coût élevé d'ingénierie non récurrent (NRE) peut être compensé par le produit final plus petit, plus rapide et moins cher que permet la technologie ASIC. À proprement parler, un FPGA fonctionnel programmé avec une image matérielle est en fait un type d'ASIC, mais la reprogrammabilité du FPGA en fait un choix de conception très différent. Les avantages et les inconvénients de ces deux types de technologie sont résumés dans le tableau 5.1.

Tableau 5.1 : comparaison entre ASIC et FPGA.

Feature	ASIC	FPGA
NRE cost	High	Low
Unit Cost	Less expensive	More expensive
Speed	Faster	Slower
Re-Configurable in the field	No	Yes
Foot print	Smaller	Larger
Time to market	Longer	Shorter
Cost of Debugging	High	Low

5.5 TRAITEMENT PARALLÈLE

Parmi les nombreux avantages qu'offrent les FPGA, la capacité à permettre un traitement parallèle personnalisé est peut-être le plus bénéfique de tous. Puisqu'un concepteur ne doit plus compter sur un fournisseur d'ASIC pour lui fournir les outils de traitement dont il a besoin, il peut rapidement créer ses propres blocs de traitement dans le matériel. C'est un avantage considérable pour les tâches exigeantes en termes de calcul, et comme le coût de la conception par essais et erreurs est désormais pratiquement nul, le concepteur est libre d'expérimenter différentes configurations de traitement pour affiner son système. Le concept de base est illustré à la figure 5.6. La figure montre comment un FPGA peut être utilisé pour quadrupler la vitesse du traitement numérique en utilisant un logiciel existant pour définir un noyau DSP, ainsi qu'un noyau de contrôle. Par exemple, supposons que le cœur DSP d'origine puisse effectuer une opération donnée en 5 cycles d'horloge. Cela donne un rendement de $1/4 = 0,25$ opérations par cycle d'horloge. Dans la configuration de la figure 5.6, le noyau de contrôle commute les entrées et les sorties de données de manière rotative, ce qui permet d'appliquer une nouvelle valeur d'entrée aux entrées d'un noyau DSP différent à chaque cycle d'horloge. Ainsi, les blocs DSP fonctionnent en parallèle sur un seul flux séquentiel de données entrantes. La performance résultante est de $4/4 = 1$ opération par cycle d'horloge.

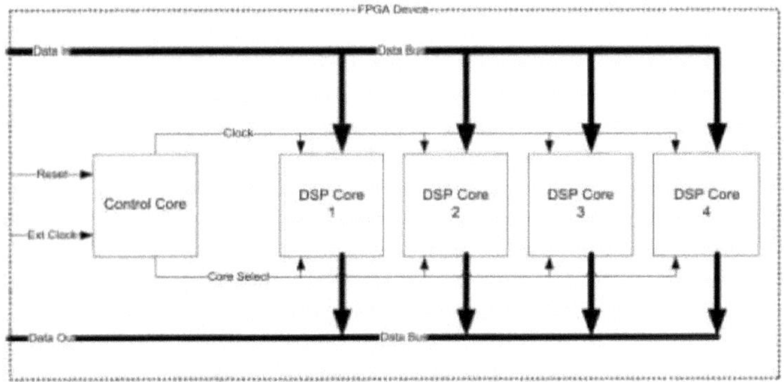

Figure 5.6 : Traitement parallèle dans un FPGA.

5.6 FLUX DE CONCEPTION FPGA

L'un des principaux avantages de la conception basée sur FPGA est que les utilisateurs peuvent la concevoir à l'aide d'outils de CAO fournis par les sociétés d'automatisation de la conception. Le flux de conception générique d'un FPGA comprend les étapes suivantes :

Conception du système :

À ce stade, le concepteur doit décider quelle partie de sa fonctionnalité doit être mise en œuvre sur le FPGA et comment intégrer cette fonctionnalité au reste du système.

Intégration des E/S avec le reste du système :

Les flux d'entrée et de sortie du FPGA sont intégrés au reste du circuit imprimé, ce qui permet de concevoir le circuit imprimé dès le début du processus de conception. Les fournisseurs de FPGA proposent des solutions logicielles d'automatisation supplémentaires pour le processus de conception des E/S.

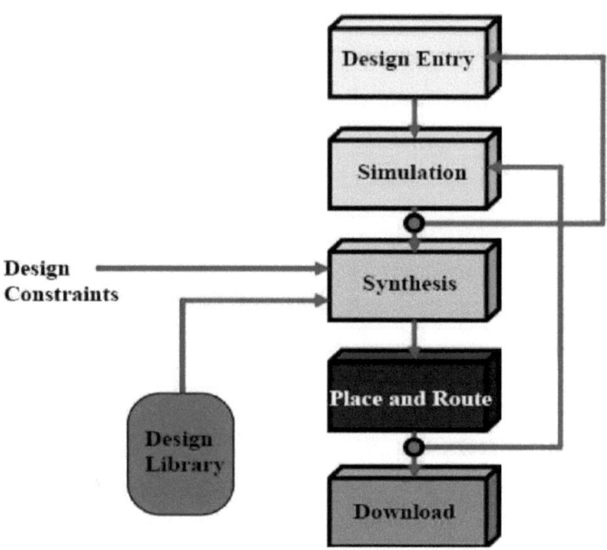

Figure 5.7 : flux de conception générique d'un FPGA

Description de la conception

Le concepteur décrit la fonctionnalité de la conception soit en utilisant des éditeurs de schémas, soit en utilisant l'un des divers langages de description du matériel (HDL) comme Verilog ou VHDL.

Synthèse :

Une fois la conception définie, des outils de CAO sont utilisés pour mettre en œuvre la conception sur un FPGA donné. La synthèse comprend l'optimisation générique, l'optimisation du slack, l'optimisation de la puissance, puis le placement et le routage. L'implémentation comprend la partition, le placement et le routage. La sortie de la phase d'implémentation de la conception est un fichier bit-stream.

Vérification de la conception :

Le fichier de flux binaire est transmis à un simulateur qui simule la fonctionnalité de la conception et signale les erreurs dans le comportement souhaité de la conception. Des outils de synchronisation sont utilisés pour déterminer la fréquence d'horloge maximale de la conception. La conception est ensuite chargée sur le dispositif FPGA cible et les tests sont effectués dans un environnement réel.

CHAPITRE 6

CONCEPTION D'UN CONTRÔLEUR UTILISANT UN FPGA POUR UN SYSTÈME TRIPHASÉ
MOTEUR À INDUCTION

6.1 CONCEPTION ET MISE EN ŒUVRE DE L'ENSEMBLE DU SYSTÈME

Ce chapitre présente le processus utilisé pour concevoir le contrôleur V/F en boucle ouverte pour le moteur à induction triphasé en utilisant la technique FPGA. Le schéma fonctionnel expliquant le concept de ce système est présenté à la figure 6.1.

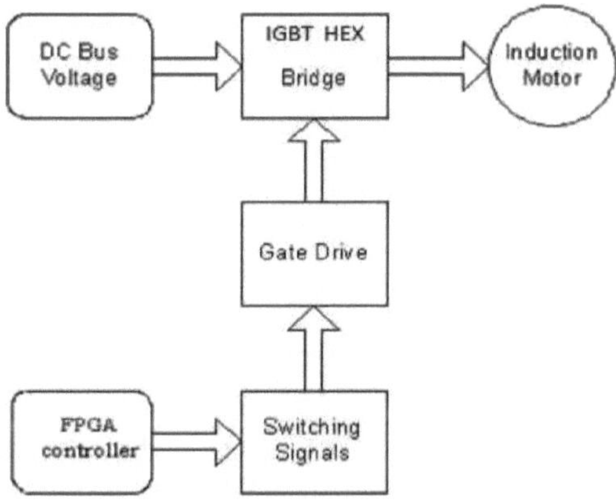

Figure : 6.1 Schéma fonctionnel du système

6.2 VARIATEUR DE MOTEUR À INDUCTION TRIPHASÉ

Lorsqu'un moteur à induction est alimenté selon les spécifications recommandées, il fonctionne à sa vitesse nominale. Cependant, de nombreuses applications nécessitent un fonctionnement à vitesse variable. Par exemple, un moteur à induction triphasé dans un ascenseur doit utiliser des vitesses différentes pour chaque commande qui doit se déplacer entre les étages. Historiquement, les systèmes d'engrenages mécaniques étaient utilisés pour obtenir une vitesse variable. Récemment, les systèmes électroniques de puissance et de contrôle ont évolué pour permettre l'utilisation de ces composants pour le contrôle des moteurs à la place des engrenages mécaniques. L'électronique ne se contente pas de contrôler la vitesse des moteurs, mais peut améliorer les caractéristiques dynamiques et statiques du moteur. En outre, l'électronique peut réduire la consommation moyenne d'énergie du système et le bruit généré par le moteur. Bien qu'il existe différentes méthodes de contrôle, la méthode de contrôle de la vitesse la plus courante est celle de la tension variable et de la fréquence *variable* (VVVF). Comme nous l'avons mentionné au chapitre 2, il est nécessaire de changer la fréquence de l'alimentation d'entrée du moteur pour obtenir des vitesses variables, et en même temps le pourcentage V/f doit être constant pour maintenir le couple délivré à la charge constant pendant la variation de vitesse. Cela signifie que le moteur ne peut plus être alimenté directement par la ligne de courant alternatif si l'on a besoin de modifier sa vitesse.

6.2.1 CONSTRUCTION MATÉRIELLE POUR OBTENIR UNE TENSION CONTINUE

Si le courant alternatif entrant est converti en courant continu à l'aide d'un redresseur, comme le montre la figure 6.2, il peut ensuite utiliser un convertisseur de puissance à découpage pour générer une oscillation à la fréquence requise. Le circuit redresseur peut être un pont redresseur monophasé ou triphasé, comme le montre la figure (6.2-6.3), selon le type d'alimentation d'entrée utilisé dans le système.

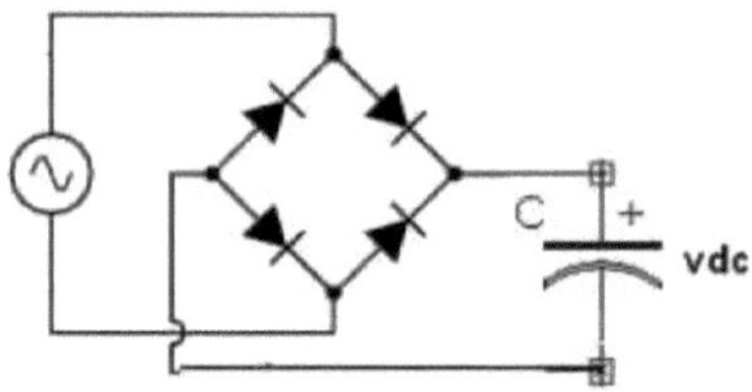

Figure 6.2 : Pont redresseur monophasé avec condensateur d'ondulation.

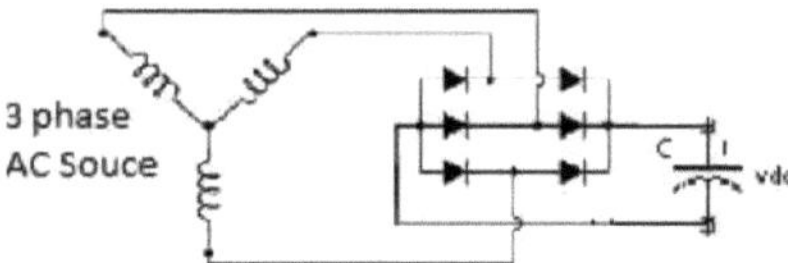

Figure 6.3 : Pont redresseur triphasé avec condensateur d'ondulation.

L'entrée et la sortie de chaque redresseur sont illustrées à la Figure 6.4 et à la Figure 6.5. Pour une charge donnée, un condensateur plus grand réduira l'ondulation mais coûtera plus cher et créera des courants de pointe plus élevés dans l'alimentation qui l'alimente. La figure 6.6 présente la forme d'onde de la tension des condensateurs pour calculer la valeur de la capacité correspondante.

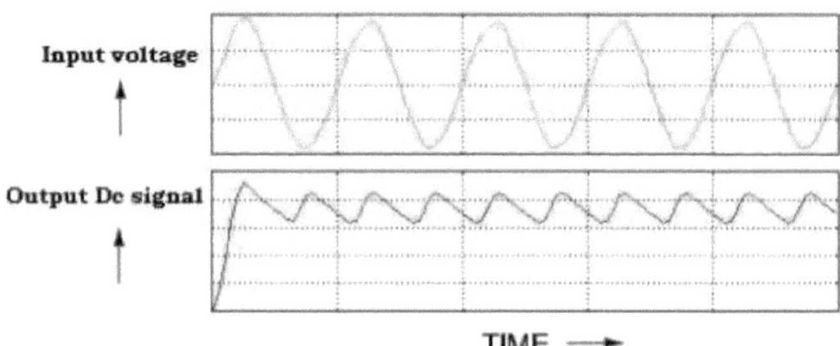

Figure 6.4 : Signal d'entrée et de sortie pour le pont redresseur monophasé.

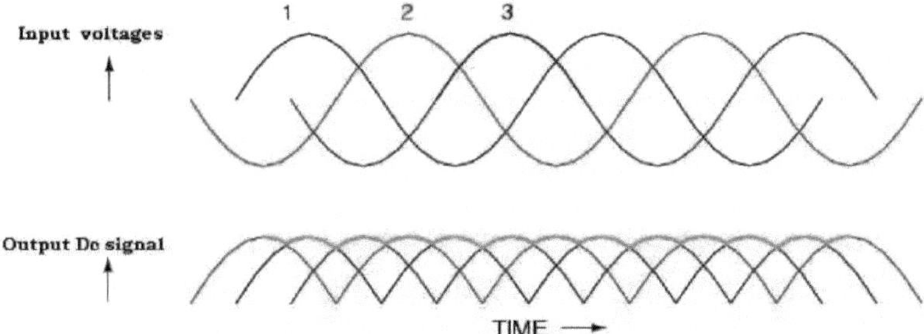

Figure 6.5 : Signal d'entrée et de sortie pour le pont redresseur triphasé.

Pour une charge donnée, un condensateur plus grand réduira l'ondulation mais coûtera plus cher et sera

créent des courants de pointe plus élevés dans l'alimentation qui les alimente. Dans la figure 6.6, la forme

d'onde de la tension

des condensateurs est représentée pour calculer la valeur de la capacité correspondante.

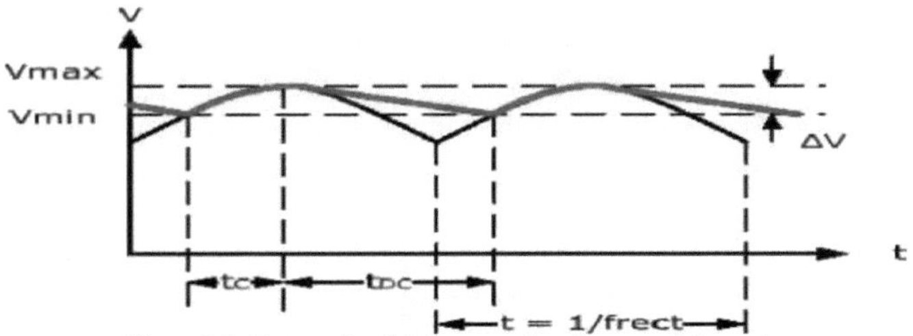

Figure 6.6 : Facteur d'ondulation pour le redresseur pleine onde.

6.2.2 CONSTRUCTION HARDWARE DE L'ON D'INVERSEUR

Un convertisseur de puissance à source de tension est utilisé pour convertir le bus CC en tensions et fréquences CA requises. En résumé, la section de puissance se compose d'un redresseur de puissance, d'un condensateur de filtrage et d'un convertisseur de puissance. Le moteur est connecté à l'onduleur comme indiqué sur la figure 6.7. Le convertisseur de puissance comporte 6 commutateurs qui sont contrôlés afin de générer une sortie CA à partir de l'entrée CC. Les signaux PWM de modulation de largeur d'impulsion générés par le contrôleur FPGA contrôlent ces 6 commutateurs. La tension de phase est déterminée par le rapport cyclique des signaux PWM. Dans le temps, un maximum de trois interrupteurs seront activés, soit un interrupteur supérieur et deux interrupteurs inférieurs, soit deux interrupteurs supérieurs et un interrupteur inférieur. Lorsque les commutateurs sont activés, le courant circule du bus CC vers l'enroulement du moteur. Comme les enroulements du moteur sont très inductifs par nature, ils contiennent de l'énergie électrique sous forme de courant. Ce courant doit être dissipé lorsque les interrupteurs sont fermés. Les diodes connectées aux commutateurs offrent un chemin pour que le courant se dissipe lorsque les commutateurs sont désactivés. Ces diodes sont également appelées diodes de roue libre. Les interrupteurs supérieurs et inférieurs d'une même branche ne doivent pas être allumés en même temps. Cela permet d'éviter un court-circuit de l'alimentation du bus CC. Un temps mort est donné entre la mise hors tension de l'interrupteur supérieur et la mise sous tension de l'interrupteur inférieur et vice versa, comme cela sera expliqué dans la section suivante.

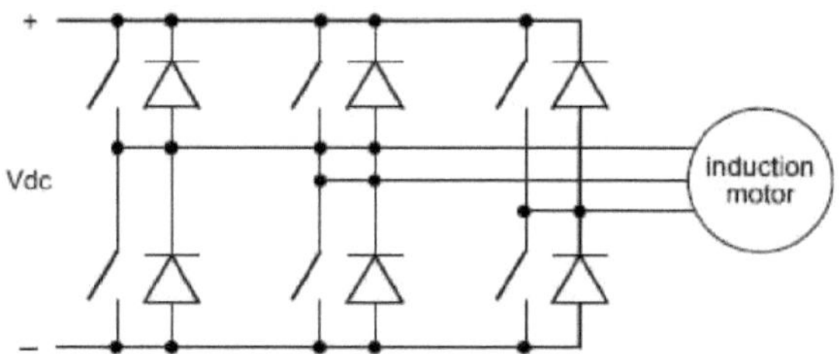

Figure 6.7 : Six commutateurs et diodes de roue libre utilisés dans l'onduleur.

Jusqu'à des puissances de commutation de quelques kW, les MOSFET (Metal Oxide Silicon Field-Effect Transistors) sont souvent utilisés comme dispositifs de commutation. Le MOSFET peut être activé et désactivé par un signal de faible niveau ne nécessitant pratiquement aucun courant, il est robuste et possède une excellente conduction lorsqu'il est activé. Pour des puissances allant jusqu'à environ 10 kW, les IGBT (transistors bipolaires à porte isolée) sont les dispositifs de contrôle de puissance économiques illustrés à la Figure 6.9. Pour des puissances supérieures, les seuls dispositifs disponibles sont les thyristors.

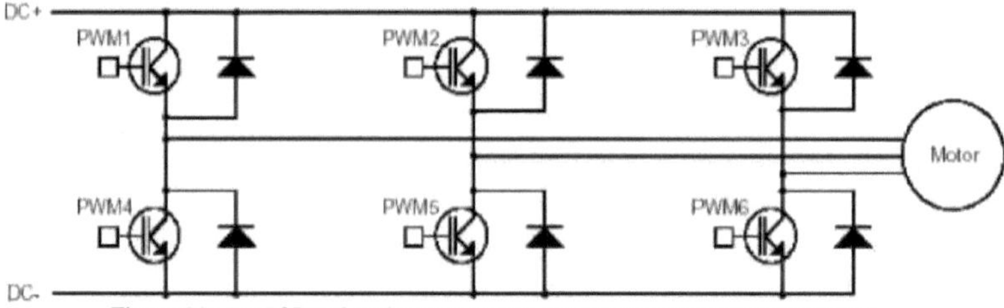

Figure 6.8 : Les IGBTs fonctionnent comme des commutateurs dans l'onduleur.

En fonction de la taille de la puissance du moteur et des puces disponibles sur notre marché local, le IGBT SKM 100GB128D a été sélectionné ; sa fiche technique est disponible en annexe B. Le signal provenant du contrôleur FPGA ne peut pas alimenter directement la broche de la grille de l'IGBT en raison de la faiblesse de sa tension (3.3v). Il est donc nécessaire de construire un circuit de commande de puissance pour fournir la tension requise. Ce circuit d'attaque avec la connexion de l'IGBT est illustré à la Figure 6.9.

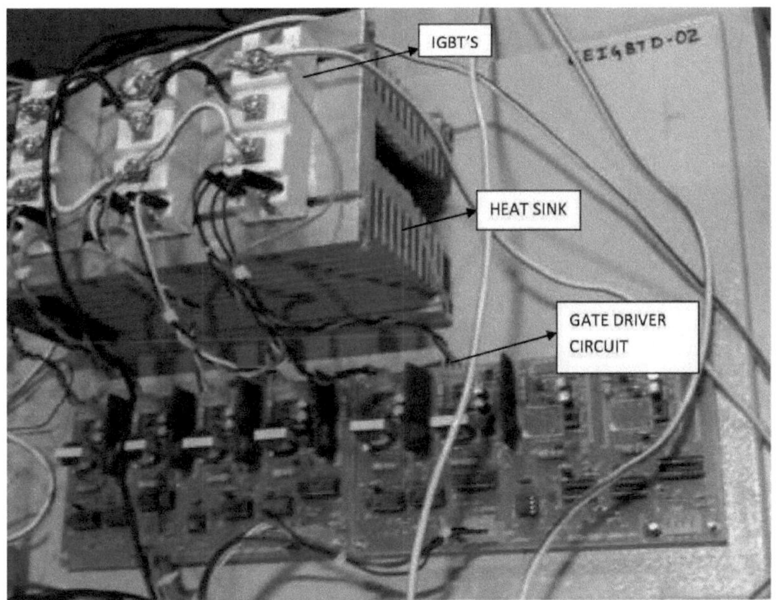

Figure 6.9 : connexions d'un IGBT avec circuit de déviation de grille

6.3 RÉSEAU DE PORTES PROGRAMMABLES (FPGA)

La carte FPGA SPARTAN 3E à faible coût a été choisie pour effectuer les opérations logiques nécessaires à la commutation et au contrôle du moteur. Le FPGA a la fonction de générer des PWM en fonction des besoins. Les fonctions PWM implémentées dans ce FPGA fournissent une large gamme de fonctions et de caractéristiques qui sont particulièrement utiles dans les applications de contrôle de mouvement et de contrôle de moteur. La sortie PWM du FPGA se termine dans un connecteur à 34 broches par un convertisseur de niveau pour convertir 3,3V en 5V. La figure 6.10 montre la carte FPGA SPARTAN 3E.

Figure 6.10 : KIT FPGA SPARTAN 3E

6.3.1 COMPOSANTS ET CARACTÉRISTIQUES

La Figure-6.10 présente le schéma fonctionnel de la carte Spartan-6 Low Cost, qui comprend les composants et fonctionnalités suivants :

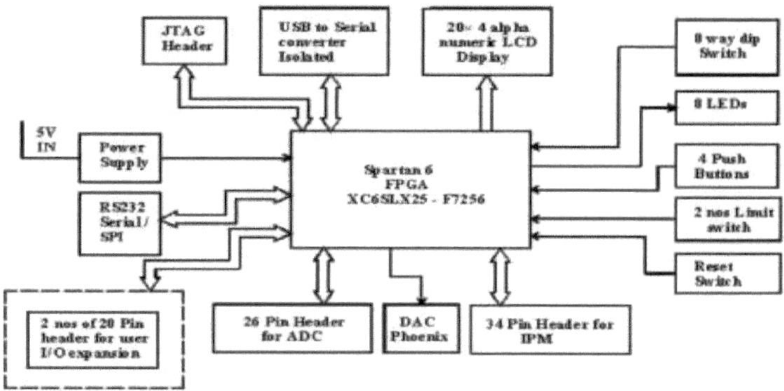

Figure 6.11 : Schéma de principe du KIT SPARTAN 3E

> FPGA Xilinx Spartan -6 **XC6SLX25** dans un boîtier FT256 **(XC6SLX25-FT256)**

> 24 051 équivalents de cellules logiques

> Cinquante deux blocs de RAM de 18K bits (936 K bits)

> 229 kB RAM distribuée

> 38 nos de tranches de DSP48A1

> 2 tuiles de gestion de l'horloge

> 2 blocs de contrôleurs de mémoire.

> Un connecteur à 34 broches utilisé pour l'interface IPM.

> 16 Sortie PWM.

> 8 entrées de capture.

> Une tête de 26 broches ADC

> ADC 8 canaux 2msps.

> Résolution de 12 bits

> Plage d'entrée 0-5V

> Un DAC à connecteur phénix 5 broches

> DAC 4 canaux 125 kHz.

> Résolution de 12 bits

> Plage de sortie 0-5V

> Deux - extension de l'embase 20 broches.

> Horloge variable 100Mhz

> Diodes électroluminescentes (DEL) à 8 sorties.

> Commutateurs DIP (Dual Inline Package) à 8 entrées.

> 4 interrupteurs à bouton-poussoir pour l'utilisateur.

> Un interrupteur à bouton poussoir RESET.

> Interrupteur de fin de course à 2 utilisateurs.

> Interfaces

> Port de programmation et de configuration JTAG.

> Port RS232 isolé (USB vers série).

> Un port RS232/SPI.

> Affichage LCD alphanumérique 20 x 4.

6.3.2 INTERFACE IPM

Le FPGA a la fonction de générer du PWM en fonction des besoins. Les fonctions PWM implémentées dans ce FPGA offrent une large gamme de fonctions et de caractéristiques qui sont particulièrement utiles dans les applications de contrôle de mouvement et de commande de moteur.

La sortie PWM du FPGA est terminée dans un connecteur à 34 broches par un convertisseur de niveau pour convertir 3,3V en 5V.

6.3.3 CARACTÉRISTIQUES DU TRADUCTEUR :

Le dispositif de conversion est utilisé entre les lignes d'E/S du FPGA et l'en-tête du FRC pour convertir 3,3 V en 5 V et vice-versa.

> Dispositif utilisé : SN74LVCC3245A

> Translateur de tension bidirectionnel

> 2,3 V à 3,6 V sur le port A et 3 V à 5,5 V sur le port B

> Les niveaux des entrées de commande VIH/VIL sont référencés à la tension VCCA.

Cet émetteur-récepteur de bus 8 bits (octal) non-inverseur contient deux rails d'alimentation séparés. Le port B est conçu pour suivre VCCB, qui accepte des tensions de 3 V à 5,5 V, et le port A est conçu pour suivre VCCA, qui fonctionne entre 2,3 V et 3,6 V. Cela permet de passer d'un environnement système de 3,3 V à 5 V et vice versa, d'un environnement système de 2,5 V à 3,3 V et vice versa.

Figure 6.12 : configuration des broches du translateur de tension

6.3.4 CONNEXION DES BROCHES FPGA :

Tableau 6.1 : Connexions des broches du FPGA

IPM PINS	PIN NAME	FPGA PINS
1	PWM1	B5
2	PWM2	A5
3	PWM3	D5
4	PWM4	C5
5	PWM5	B6
6	PWM6	A6
7	PWM7	F7
8	PWM8	D6
9	IO8	A9
10	IO1	D12
11	IO2	C10
12	IO3	D8
13	CAP1	D6
14	CAP2	C6
15	CAP3	B8
16	CAP4	A8
17	CAP7	B10
18 to 19		VCC

20 to 27		GND
28	IO4	C8
29	IO5	C11
30	IO6	A11
31	IO7	F9
32	CAP5	C9
33	CAP6	A9
34	CAP8	A10

Dans le connecteur à 34 broches, 8 broches sont utilisées comme signaux de capture nommés cap1 à cap8. Ces signaux sont principalement utilisés pour mesurer la vitesse. Les lignes d'E/S du FPGA sont utilisées pour interfacer les périphériques externes. Pour interfacer les périphériques externes, 8 lignes d'E/S du FPGA sont terminées par 8 broches dans des connecteurs à 34 broches. Pour chaque 8 broches, c'est-à-dire 8 broches PWM, 8 broches IO, 8 broches CAP, un circuit intégré SN74LVCC3245A est utilisé. Chacun a un circuit intégré séparé pour effectuer un processus.

6.4 APPLICATION DU LOGICIEL

La carte de développement Sparten 3E a un signal d'horloge de 20MHz par défaut, c'est-à-dire que chaque cycle d'horloge est de 50ns. Le code du firmware est développé sur la base de cette fréquence. Le langage VHDL est utilisé pour programmer le FPGA Sparten-6. Xilinx ISE Design Suite 13.1 est utilisé comme logiciel pour écrire le codage. ModelSim SE 6.3f est utilisé pour la simulation.

Voici les différents processus impliqués dans la génération d'un PWM sinusoïdal.

1. Génération d'un signal porteur triangulaire de 10KHz

Ces compteurs Up Down sont utilisés pour générer le signal Triangle.

Le compteur compte pour chaque cycle d'horloge de 50ns

$$\text{To get the frequency of 10 KHz each cycle} := \frac{1}{10000} = 100us = 100000ns$$

$$\text{Therefore up/down counter is for } \frac{100000ns}{2} = 50000ns$$

$$\text{The count value} \frac{50000ns}{50ns} = 1000 \text{ counts}$$

Génération d'une onde sinusoïdale

L'onde sinusoïdale est générée par la méthode de la table de consultation.

Les données sinusoïdales pour 360 degrés sont stockées dans 256 emplacements, chacun ayant une taille de 9 bits, y compris le bit de signe.

Sin 0=0

La valeur de crête positive est sin 90 =1 pour 9 bits, elle est égale à 255.

La valeur du pic négatif est sin 270=-1 pour 9 bits, elle est égale à -255.

Un signal de rampe est généré par le compteur ascendant pour prélever les échantillons de données sinusoïdales de la table de consultation. Les échantillons sont pris en fonction du pas de fréquence appliqué.

3. Calcul du pas de fréquence Exemple pour une onde sinusoïdale de 50Hz avec une fréquence d'échantillonnage de 10 KHz Cela signifie que 100000 échantillons sont pris en une seconde Pour 50 Hz, le nombre d'échantillons requis pour un cycle complet d'onde sinusoïdale est égal à

à $\dfrac{10000}{50} = 200$ échantillons Après 200 échantillons le signal doit se répéter pour cela nous avons besoin d'un autre signal de rampe (i,y et b du programme en annexe) de 0 à 255 au point 256 emplacements Donc pas de fréquence

$$\dfrac{256 \cdot 256}{200} = 327$$

Pour obtenir 3 phases de déphasage de 120 degrés, se référer au programme annexe Le signal de rampe est de 0 à 255 255/3=85

Le signal de rampe i commence à partir de 0 Le signal de rampe y commence à partir de 85 Le signal de rampe b commence à partir de 170 L'amplitude peut être modifiée en la multipliant par une valeur entière.

4. Génération du PWM Les signaux PWM sont générés en comparant les amplitudes de chaque forme d'onde sinusoïdale avec le signal porteur.

FLOW CHART

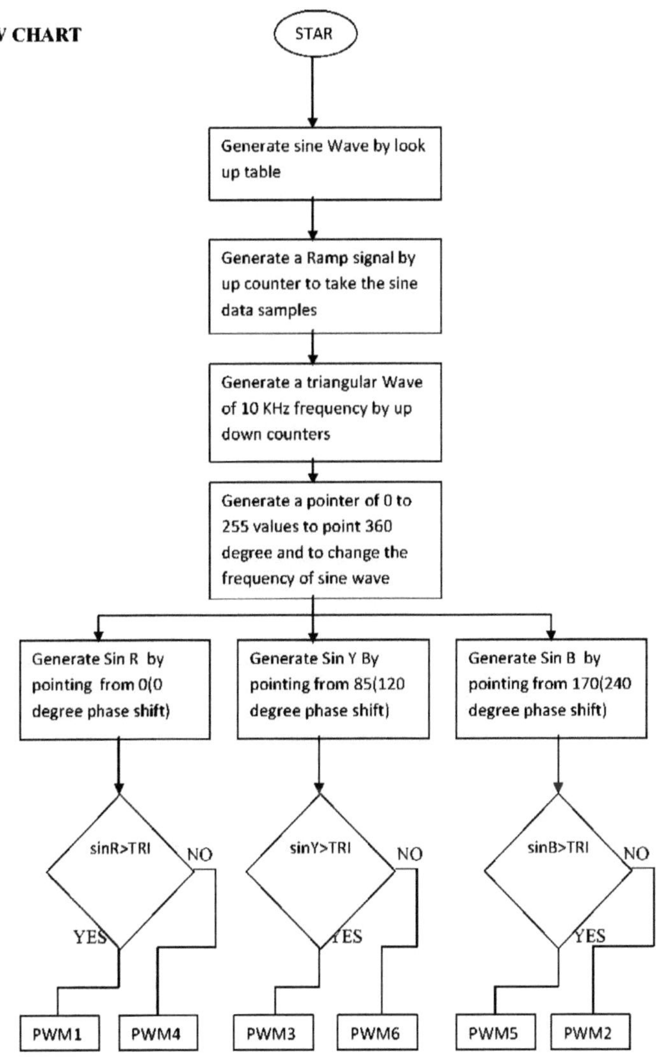
STAR
Generate sine Wave by look up table
Generate a Ramp signal by up counter to take the sine data samples
Generate a triangular Wave of 10 KHz frequency by up down counters
Generate a pointer of 0 to 255 values to point 360 degree and to change the frequency of sine wave
Generate Sin R by pointing from 0(0 degree phase shift)
Generate Sin Y By pointing from 85(120 degree phase shift)
Generate Sin B by pointing from 170(240 degree phase shift)
sinR>TRI
sinY>TRI
sinB>TRI
NO
NO
NO
YES
YES
YES
PWM1
PWM4
PWM3
PWM6
PWM5
PWM2

CHAPITRE 7

RÉSULTATS

7.1 RÉSULTATS DE LA SIMULATION

Le programme de contrôle de vitesse est développé sur le logiciel Xilinx 13.1 en langage VHDL. Le programme est vérifié avec le simulateur Modelsim. Model sim a la particularité de forcer l'horloge et d'autres entrées. Voici les graphiques obtenus pour différentes valeurs d'entrées (amplitude et fréquence)

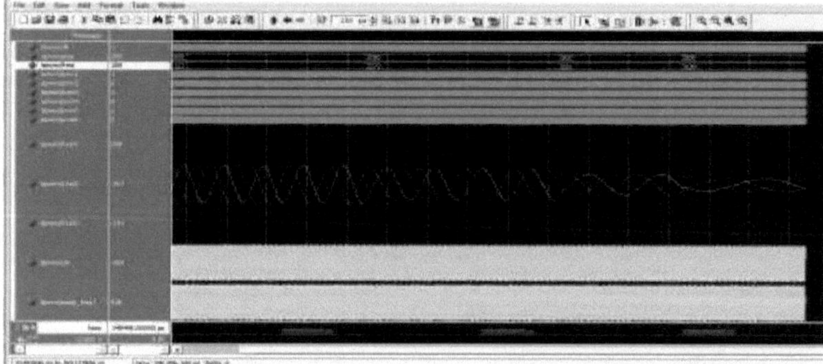

Figure7.1 : Formes d'onde de la tension pour différentes fréquences et amplitudes

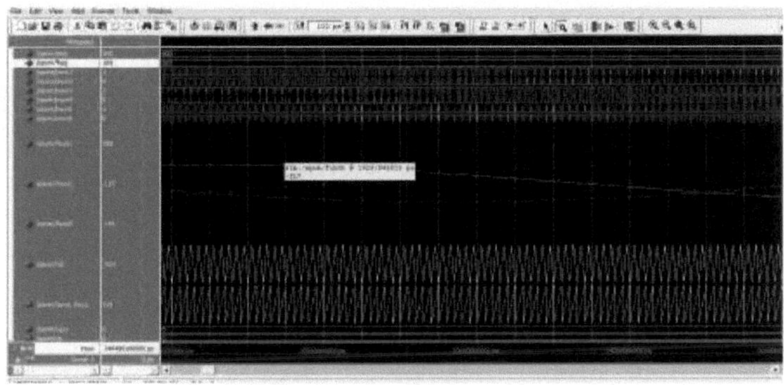

Figure7.2 : Formes d'onde de la tension pour une fréquence de 50Hz et une amplitude de 0.9v

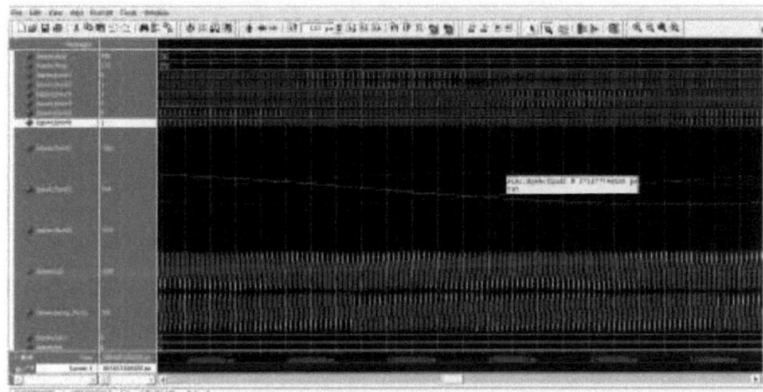

Figure7.3 : Formes d'onde de la tension pour une fréquence de 41Hz et une amplitude de 0.75v

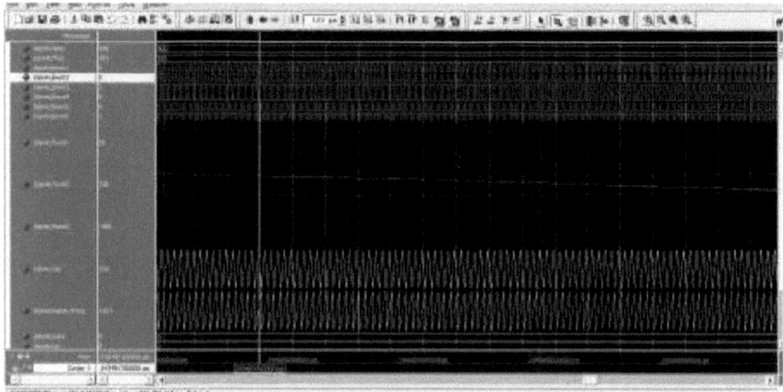

Figure7.4 : Formes d'onde de la tension pour une fréquence de 28Hz et une amplitude de 0.5v

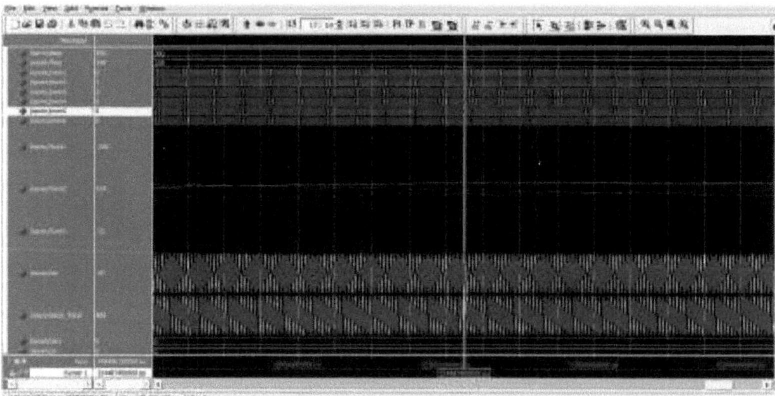

Figure7.5 : Formes d'onde de la tension pour une fréquence de 14Hz et une amplitude de 0.25v

Les figures ci-dessus montrent les résultats de Modelsim pour les différentes tensions et fréquences. Comme la technique utilisée est un contrôle V/f en boucle ouverte, il est nécessaire de faire varier à la fois la tension et la fréquence. Les résultats montrent la tension variable triphasée générée et le signal de fréquence.

La figure 7.1 montre clairement que l'amplitude et la fréquence varient dans la forme d'onde sinusoïdale triphasée, également appelée signal de modulation. Et ce signal est comparé à l'onde porteuse triangulaire de 10KHz. Les signaux PWM sont générés par la comparaison des deux signaux. Par conséquent, la largeur des signaux PWM change également avec la variation d'amplitude et de fréquence du signal de modulation.

La figure 7.2 montre les formes d'onde du signal de modulation pour une fréquence de 50Hz et une amplitude de 0,9v. La figure montre également l'onde porteuse de la fréquence de commutation de 10KHz. Les impulsions générées par la comparaison de ces deux signaux sont également présentées dans la figure. Les figures suivantes 7.3 sont pour une fréquence de 41Hz et une amplitude de 0,75v, la figure 7.4 est pour une fréquence de 28Hz et une amplitude de 0,5v et la figure 7.5 est pour une fréquence de 14Hz et une amplitude de 0,25v du signal de modulation.

D'après les résultats de Modelsim, il est évident que nous obtenons la modulation de largeur d'impulsion requise par le programme.

7.2 RÉSULTATS EXPÉRIMENTAUX

Pour réaliser l'expérience, la tension continue nécessaire est prise par le transformateur Auto et le pont redresseur avec le condensateur de filtrage. Le kit FPGA programmé est connecté au circuit d'attaque de porte à travers un tampon pour augmenter la tension de 3.5v à 12v. Les signaux PWM du kit sont d'abord vérifiés avec le CRO pour différentes fréquences et différentes amplitudes du signal de modulation. La bande morte requise est allouée dans le programme lui-même.

7.2.1 RÉSULTATS DE LA CRO

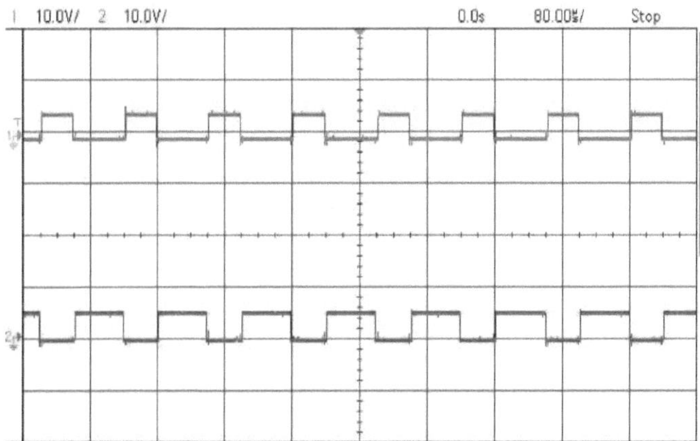

Figure 7.6 : Résultats du CRO obtenus aux sorties de broches du FPGA.

La figure 7.6 ci-dessus montre les impulsions obtenues après la programmation du kit. Ces impulsions sont envoyées aux IGBT supérieur et inférieur d'une branche de l'onduleur par l'intermédiaire du circuit de commande de porte. D'après la figure 7.6, les deux signaux sont inversés l'un par rapport à l'autre, c'est-à-dire que les IGBT du haut et du bas ne s'allument pas en même temps.

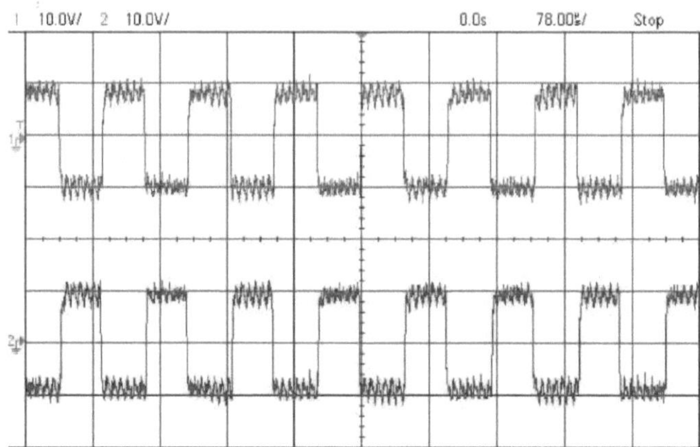

Figure 7.6 : Résultats du CRO obtenus aux bornes de la grille des IGBT's

La figure 7.6 ci-dessus montre les résultats du CRO capturés aux bornes de grille des IGbT de la première branche. Le signal est traité dans le circuit diver pour obtenir le niveau de tension et l'isolation requis, puis il est envoyé aux grilles des IGBT. Sur la figure 7.6, nous pouvons voir l'augmentation de la tension au niveau requis d'environ 11V. Pour éviter le court-circuit des IGBT, un temps mort de 2.5psec est inclus dans le programme lui-même. La figure 7.7 montre le temps mort entre deux signaux.

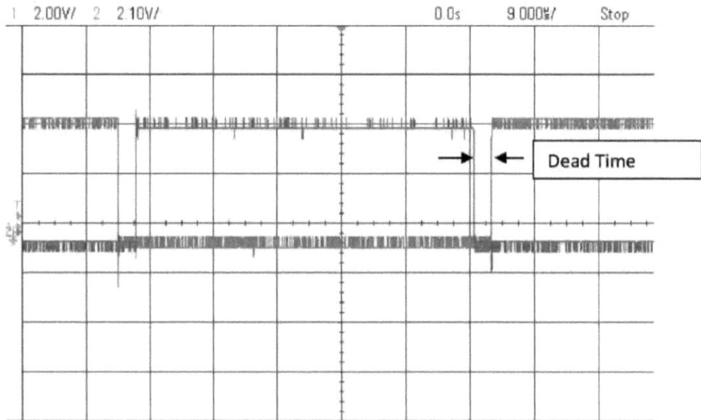

Figure7.7 : Temps mort entre deux signaux

7.2.2 RÉSULTATS DES TESTS

Lectures prises à Vdc = 300V

Tableau 7.1 : Tableau des résultats

SL.No	Set Speed (RPM)	Actual Speed(RPM)
1	300	291
2	400	390
3	500	494
4	600	590
5	700	694
6	800	792
7	900	890
8	1000	992
9	1100	1090
10	1200	1185
11	1300	1282
12	1350	1340

D'après le tableau ci-dessus, il est clair que la vitesse change en fonction de la vitesse définie. Comme le système est en boucle ouverte, nous obtenons des résultats proches de la vitesse définie. Le contrôle de la vitesse est efficace de 300 RPM à 1350 RPM. Si la vitesse de consigne est inférieure à 300 RPM, l'amplitude du signal de modulation est très faible et insuffisante pour entraîner le moteur. La vitesse de consigne est modifiée par paliers de 100 RPM. Les valeurs de tension et de fréquence changent en fonction de la vitesse définie qui est écrite dans le programme de manière à ce que le rapport v/f soit constant.

La déduction des résultats ci-dessus est que le contrôle en douceur de la vitesse est possible avec le FPGA et que les résultats sont plus proches de la vitesse fixée.

Le projet m'a permis de conclure qu'il est possible d'implémenter le contrôle v/f d'un moteur à induction en utilisant des FPGA. Comme le FPGA a plusieurs avantages, le contrôleur sera plus avancé et facile à reprogrammer. Le contrôle de la vitesse est plus facile et plus régulier. Nous pouvons réaliser une large gamme de contrôle de vitesse pour le moteur à induction.

Il est possible de mettre en œuvre des stratégies de contrôle vectoriel à l'avenir sur des FPGA qui peuvent donner de meilleurs résultats que les ASIC ou les DSP. Les FPGA ne servent pas seulement à contrôler la vitesse des moteurs à induction, nous pouvons également contrôler les moteurs BLDC en écrivant les algorithmes de contrôle requis dans le FPGA. Une fois programmé, il peut fonctionner comme un système autonome.

RÉFÉRENCES

1. Eftichios Koutroulis, Apostolos Dollas, Kostas Kalaitzakis "High-frequency pulse width modulation implementation using FPGA and CPLD ICs" Journal of Systems Architecture 52 (2006) 332-344, 25 octobre 2005.

2. Mme Deepali C. Shimpi." FPGA Based PWM controller for Three Phase Inverter" International Journal of Science and Advanced Technology (ISSN 2221-8386), Volume 1 No 8 October 2011

3. Ali. M. Eltamaly" FPGA BASED SPEED CONTROL OF THREE-PHASE INDUCTION MOTOR USING STATOR VOLTAGE REGULATOR" Electrical Eng. Dept. d'ingénierie, Collège d'ingénierie, Université d'Elmansoura, ElDakahlya, Egypte.

4. Gustavo G. Parma, et Venkata Dinavahi, "Real-Time Digital Hardware Simulation of Power Electronics and Drives" IEEE TRANSACTIONS ON POWER DELIVERY, VOL. 22, NO. 2, AVRIL 2007

5. Milan C^v urkovic\ Karel Jezernik et Robert Horvat "FPGA-Based Predictive Sliding Mode Controller of a Three-Phase Inverter" IEEE TRANSACTIONS ON INDUSTRIAL ELECTRONICS, VOL. 60, NO. 2, FÉVRIER 2013

6. Marcian N. Cirstea, et Andrei Dinu, "A VHDL Holistic Modeling Approach and FPGA Implementation of a Digital Sensorless Induction Motor Control Scheme" IEEE TRANSACTIONS ON INDUSTRIAL ELECTRONICS, VOL. 54, NO. 4, AOÛT 2007

7. Bahram Rashidi et Mehran Sabahi "High Performance FPGA Based Digital Space Vector PWM Three Phase Voltage Source Inverter" I.J.Modern Education and Computer Science, 2013, 1, 62-71 Publié en ligne en janvier 2013 dans MECS (http://www.mecs-press.org/) DOI : 10.5815/ijmecs.2013.01.08

8. Modern Power Electronics and AC Drives, par Bimal K. Bose. Prentice Hall Publishers, 2001

9. Power Electronics par le Dr. P.S. Bimbhra. Khanna Publishers, New Delhi, 2003. 3rd Edition.

PROGRAMME VHDL POUR GÉNÉRER UN SIGNAL PWM

```vhdl
library IEEE;

use IEEE.STD_LOGIC_1164.ALL;

use IEEE.STD_LOGIC_unsigned.ALL;

use IEEE.STD_LOGIC_signed.ALL;

use IEEE.STD_LOGIC_arith.ALL;

use IEEE.numeric_std.all;

entity spwm is

PORT(CLK      : IN STD_LOGIC;

            amp      : in integer;

            freq      : in integer;

            PWM1 : OUT STD_LOGIC;

            PWM2 : OUT STD_LOGIC;

            PWM3 : OUT STD_LOGIC;
            PWM4 : OUT STD_LOGIC;
            PWM5 : OUT STD_LOGIC;
            PWM6 : OUT STD_LOGIC
            );

end spwm;

architecture Behavioral of spwm is

SIGNAL  FUND1,FUND2,FUND3: INTEGER:=0;

SIGNAL SAMP_FREQ1,cary,xx,zz: INTEGER :=0;

SIGNAL carrier11,carrier21: INTEGER:=0;

SIGNAL car: INTEGER:=-1000;

type sample1 is array (0 to 255)of integer RANGE -256 TO 256;
```

constant sin1 : sample1:=

(0,   6, 12, 18, 25, 31, 37, 43, 50, 56, 62, 68, 74, 80, 86, 92, 98, 104, 109, 115,
121, 126, 132, 137, 142, 147, 153, 158, 162, 167, 172, 177, 181, 185, 190, 194, 198, 202,
206, 209, 213, 216, 220, 223, 226, 229, 231, 234, 236, 239, 241, 243, 245, 247, 248, 250,
251, 252, 253, 254, 254, 255, 255, 255, 255, 255, 255, 255, 254, 253, 252, 251, 250, 249,
247, 246, 244, 242, 240, 238, 235, 233, 230, 227, 224, 221, 218, 215, 211, 208, 204, 200,
196, 192, 188, 183, 179, 174, 170, 165, 160, 155, 150, 145, 140, 134, 129, 123, 118, 112,
106, 101, 95, 89, 83, 77, 71, 65, 59, 53, 47, 40, 34, 28, 22, 15,   9,   3, -3, -9, -
15, -22, -28, -34, -40, -47, -53, -59, -65, -71, -77, -83, -89, -95,-101,-106,-112,-118,-123,-
129,-134,-140,-145,-150,-155,-160,-165,-170,-174,-179,-183,-188,-192,-196,-200, -204,-
208,-211,-215,-218,-221,-224,-227,-230,-233,-235,-238,-240,-242,-244,-246,-247,-249,-
250,-251,-252,-253, -254,-255,-255,-255,-255,-255,-255,-255,-254,-254,-253,-252,-251,-
250,-248,-247,-245,-243,-241,-239,-236,-234,-231,-229,-226,-223,-220,-216,-213,-209,-
206,-202,-198,-194,-190,-185,-181,-177,-172,-167,-162,-158,-153,-147,-142,-137,-132,-
126,-121,-115,-109,-104, -98, -92, -86, -80, -74, -68, -62, -56, -50, -43, -37, -31, -25, -18,
-12, -6, -0);

SIGNAL kk,yy,bb: INTEGER:=0; --range 0 to 900000:=0;

begin

PROCESS(CLK)

variable I_TEMP,i_t,I,y,b,x,z: INTEGER :=0 ;

BEGIN

IF RISING_EDGE(CLK) THEN

SAMP_FREQ1   <=SAMP_FREQ1+1;

if samp_freq1>0 and samp_freq1<=1000 then

carrier11<=carrier11+1;

elsif samp_freq1>1000 and samp_freq1<=2000 then

carrier11<=carrier11-1;

end if;

```
                carrier21<=-carrier11;

IF SAMP_FREQ1=2000 THEN

        I_TEMP          :=        I_TEMP+freq;


        IF I_TEMP>=65280 THEN

                I_TEMP:=freq;

        END IF;

        I_t    :=I_TEMP/256;

        i:=i_t+0;

        y:=i_t+85;

        b:=i_t+170;

        if i>255 then

                i:=i-256;

        else

                i:=i;

        end if;

        if y>255 then

                y:=y-256;

        else

                y:=y;

        end if;

        if b>255 then

                b:=b-256;
```

```vhdl
                else
                        b:=b;
                end if;
                if x>255 then
                        x:=x-256;
                else
                        x:=x;
                end if;
                if z>255 then
                        z:=z-256;
                else
                        z:=z;
                end if;
                kk <= i;
                yy <= y;
                bb <= b;
                xx <= x;
                zz <= z;
                FUND1                   <= (SIN1(I)*amp/256);
                FUND2                   <= (SIN1(y)*amp/256);
                FUND3                   <= (SIN1(b)*amp/256);
        samp_freq1<=0;
        END IF;
```

```vhdl
                    END IF;

                    END process;

process(clk)

variable x : integer :=0;

begin

if rising_edge(clk)then

  x := x + 1;

        if (x > 0 and x < 1000) then

          car <= car + 2;

        elsif (x > 1000 and x < 2000) then

          car <= car - 2;

        elsif (x > 2000)then

          car <= -1000;

                x := 0;

        end if;

end if;

end process;

process(clk)

begin

if rising_edge(clk)then

  if (car < fund1)then

    pwm1 <= '1';

  else
```

```vhdl
        pwm1 <= '0';

end if;

if (car-100 < fund1)then

    pwm2 <= '0';

else

    pwm2 <= '1';

end if;

if (car < fund2)then

    pwm3 <= '1';

else

    pwm3 <= '0';

end if;

if (car-100 < fund2)then

    pwm4 <= '0';

else

    pwm4 <= '1';

end if;

if (car < fund3)then

    pwm5 <= '1';

else

    pwm5 <= '0';

end if;

if (car-100 < fund3)then
```

```vhdl
            pwm6 <= '0';
        else
            pwm6 <= '1';
        end if;
    end if;
    end process;
    end Behavioral;
```

ANNEXE 2

FICHES TECHNIQUES DE SKM100GB128D IGBT

SKM 100GB128D

SEMITRANS® 2

SPT IGBT Module

SKM 100GB128D

Features
- SPT = Soft-Punch-Through technology
- V_{CEsat} with positive temperature coefficient
- High short circuit capability, self limiting to 6 x I_c

Typical Applications
- AC inverter drives
- UPS
- Electronic welders at f_{sw} up to 20 kHz

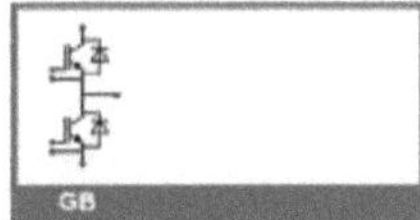

Absolute Maximum Ratings		T_c = 25 °C, unless otherwise specified		
Symbol	Conditions		Values	Units
IGBT				
V_{CES}	T_j = 25 °C		1200	V
I_C	T_j = 150 °C	T_c = 25 °C	145	A
		T_c = 80 °C	105	A
I_{CRM}	I_{CRM}=2xI_{Cnom}		150	A
V_{GES}			±20	V
t_{psc}	V_{CC} = 600 V; V_{GE} ≤ 20 V; T_j = 125 °C; V_{CES} < 1200 V		10	µs
Inverse Diode				
I_F	T_j = 150 °C	T_{case} = 25 °C	95	A
		T_{case} = 80 °C	65	A
I_{FRM}	I_{FRM}=2xI_{Fnom}		150	A
I_{FSM}	t_p = 10 ms; sin.	T_j = 150 °C	720	A
Module				
$I_{t(RMS)}$			200	A
T_j			- 40... + 150	°C
T_{stg}			- 40... + 125	°C
V_{isol}	AC, 1 min.		4000	V

Characteristics			T_c = 25 °C, unless otherwise specified			
Symbol	Conditions		min.	typ.	max.	Units
IGBT						
$V_{GE(th)}$	V_{GE} = V_{CE}, I_C = 3 mA		4,5	5,5	6,45	V
I_{CES}	V_{GE} = 0 V, V_{CE} = V_{CES}	T_j = 25 °C		0,1	0,3	mA
V_{CE0}		T_j = 25 °C		1	1,15	V
		T_j = 125 °C		0,9	1,05	V
r_{CE}	V_{GE} = 15 V	T_j = 25°C		13	16	mΩ
		T_j = 125°C		16	20	mΩ
$V_{CE(sat)}$	I_{Cnom} = 75 A, V_{GE} = 15 V	T_j = 25°C chipfev		1,9	2,35	V
		T_j = 125°C chipfev		2,1	2,55	V
C_{ies}				6,2		nF
C_{oes}	V_{CE} = 25, V_{GE} = 0 V	f = 1 MHz		0,74		nF
C_{res}				0,71		nF
Q_G	V_{GE} = -8V - +20V			880		nC
R_{Gint}	T_j = 25 °C			5		Ω
$t_{d(on)}$	R_{Gon} = 4,7 Ω	V_{CC} = 600V		175		ns
t_r		I_{Cnom} = 75A		38		ns
E_{on}				9		mJ
$t_{d(off)}$	R_{Goff} = 4,7 Ω	T_j = 125 °C		370		ns
t_f		V_{GE} = ±15V		65		ns
E_{off}				7,5		mJ
$R_{th(j-c)}$	per IGBT				0,21	K/W

SKM 100GB128D

SEMITRANS® 2

SPT IGBT Module

SKM 100GB128D

Characteristics						
Symbol	**Conditions**		**min.**	**typ.**	**max.**	**Units**
Inverse Diode						
$V_F = V_{EC}$	$I_{Fnom} = 75$ A; $V_{GE} = 0$ V	$T_j = 25\,°C_{chipiev}$		2	2,6	V
		$T_j = 125\,°C_{chipiev}$		1,8		V
V_{F0}		$T_j = 25\,°C$		1,1	1,2	V
r_F		$T_j = 25\,°C$		12	17,3	mΩ
I_{RRM}	$I_{Fnom} = 75$ A	$T_j = 125\,°C$		88		A
Q_{rr}	$di/dt = 2800$ A/µs			13		µC
E_{rr}	$V_{GE} = -15$ V; $V_{CC} = 600$ V			3,9		mJ
$R_{thj-cjD}$	per diode				0,5	K/W
Module						
L_{CE}					30	nH
$R_{CC'+EE'}$	res., terminal-chip	$T_{case} = 25\,°C$		0,75		mΩ
		$T_{case} = 125\,°C$		1		mΩ
$R_{th(c-s)}$	per module				0,05	K/W
M_s	to heat sink M6		3		5	Nm
M_t	to terminals M5		2,5		5	Nm
w					160	g

This is an electrostatic discharge sensitive device (ESDS), international standard IEC 60747-1, Chapter IX.

This technical information specifies semiconductor devices but promises no characteristics. No warranty or guarantee expressed or implied is made regarding delivery, performance or suitability.

Features

- SPT = Soft-Punch-Through technology
- V_{CEsat} with positive temperature coefficient
- High short circuit capability, self limiting to 6 x I_c

Typical Applications

- AC inverter drives
- UPS
- Electronic welders at f_{pw} up to 20 kHz

GB

62

SEMITRANS® 2

SPT IGBT Module

SKM 100GB128D

Features
- SPT = Soft-Punch-Through technology
- V_{CEsat} with positive temperature coefficient
- High short circuit capability, self limiting to $6 \times I_C$

Typical Applications
- AC inverter drives
- UPS
- Electronic welders at f_{sw} up to 20 kHz

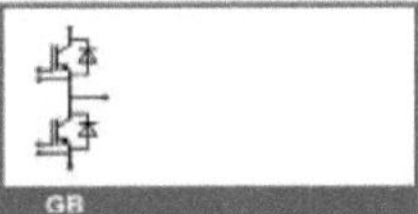

Z_{th} Symbol	Conditions	Values	Units
$Z_{th(j-c)I}$			
R_i	i = 1	114	mk/W
R_i	i = 2	71	mk/W
R_i	i = 3	22	mk/W
R_i	i = 4	3	mk/W
tau_i	i = 1	0,054	s
tau_i	i = 2	0,0115	s
tau_i	i = 3	0,0012	s
tau_i	i = 4	0,001	s
$Z_{th(j-c)D}$			
R_i	i = 1	300	mk/W
R_i	i = 2	160	mk/W
R_i	i = 3	35,5	mk/W
R_i	i = 4	4,5	mk/W
tau_i	i = 1	0,054	s
tau_i	i = 2	0,0071	s
tau_i	i = 3	0,0017	s
tau_i	i = 4	0,005	s

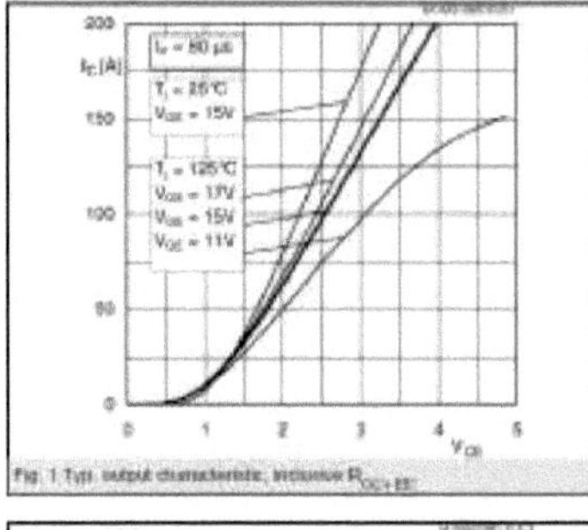

Fig. 1 Typ. output characteristic, inclusive $R_{CC'+EE'}$

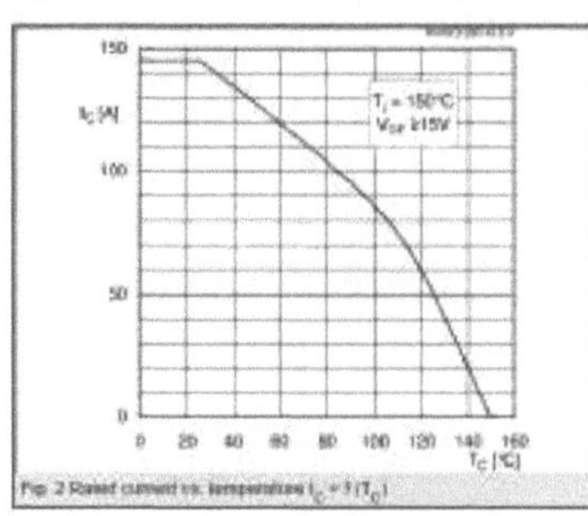

Fig. 2 Rated current vs. temperature $I_C = f(T_C)$

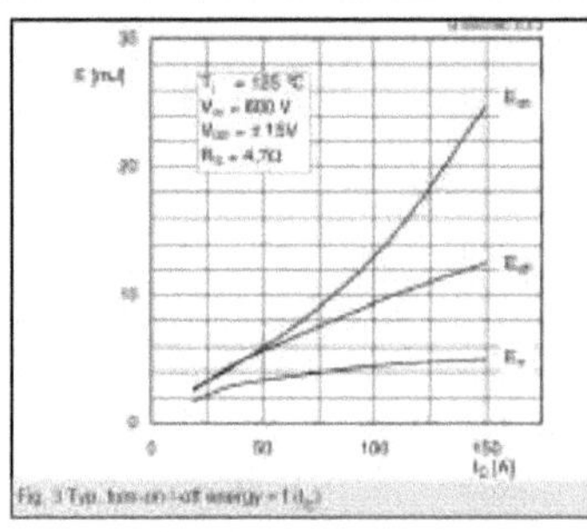

Fig. 3 Typ. turn-on / -off energy = $f(I_C)$

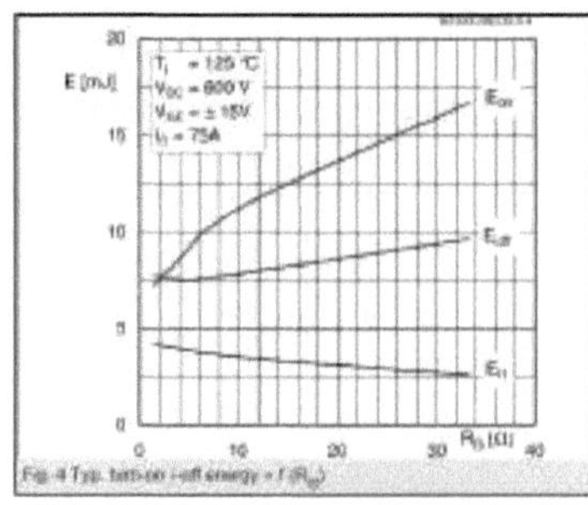

Fig. 4 Typ. turn-on / -off energy = $f(R_G)$

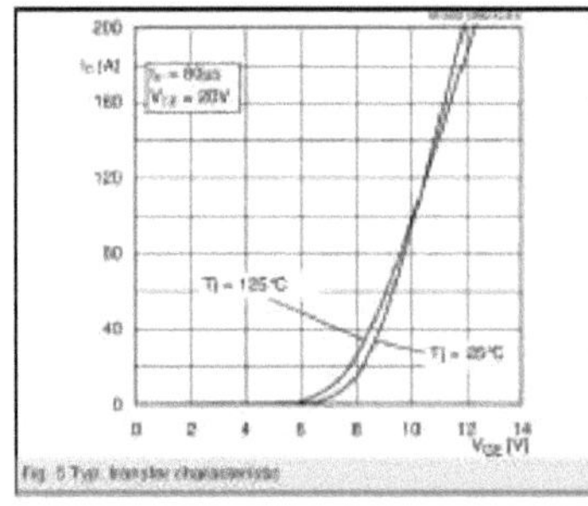

Fig. 5 Typ. transfer characteristic

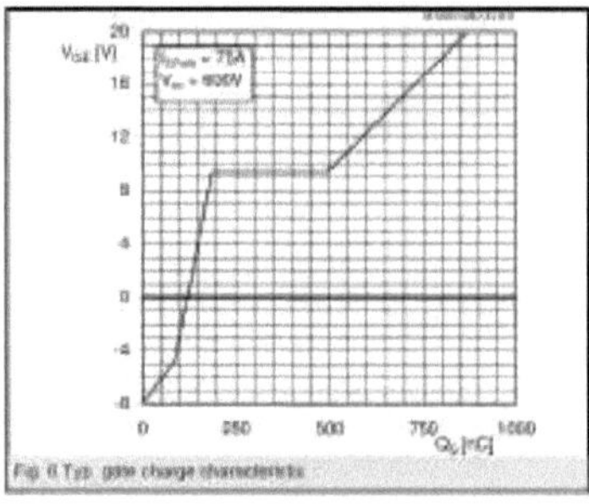

Fig. 6 Typ. gate charge characteristic

64

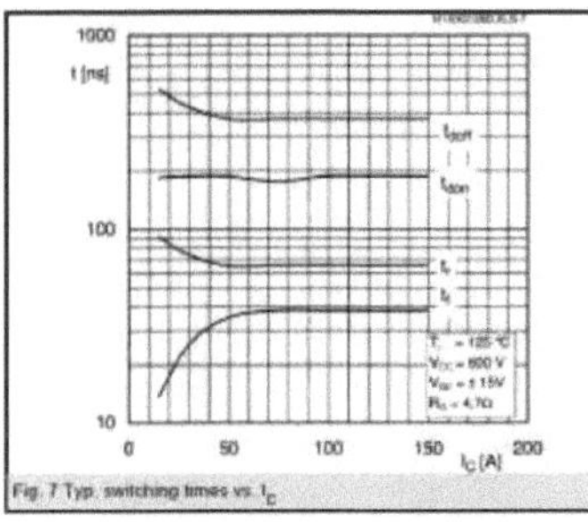

Fig. 7 Typ. switching times vs. I_C

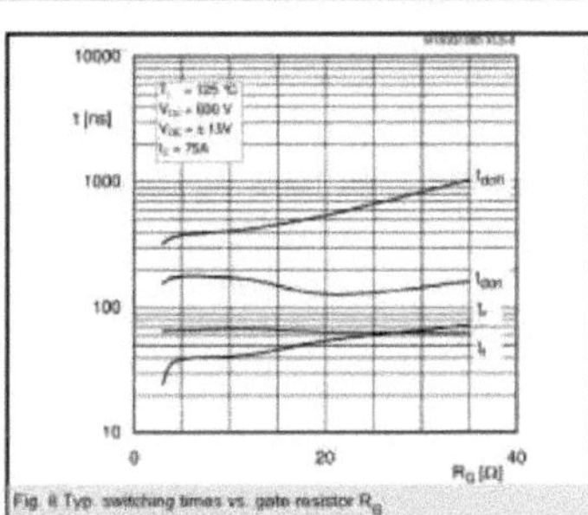

Fig. 8 Typ. switching times vs. gate resistor R_G

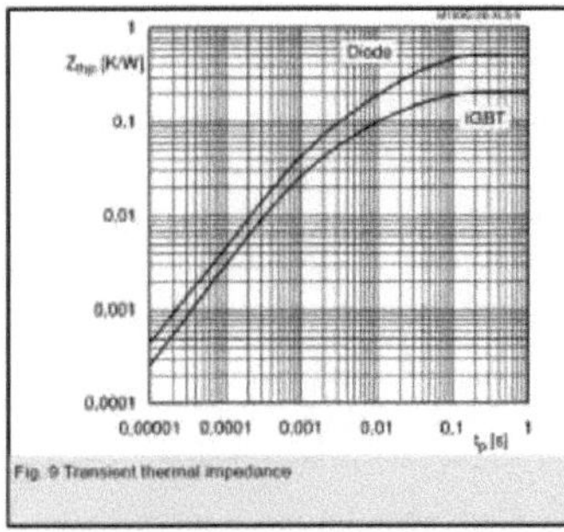

Fig. 9 Transient thermal impedance

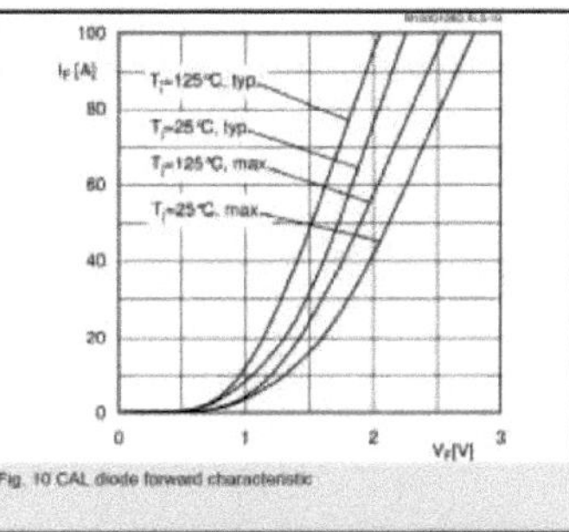

Fig. 10 CAL diode forward characteristic

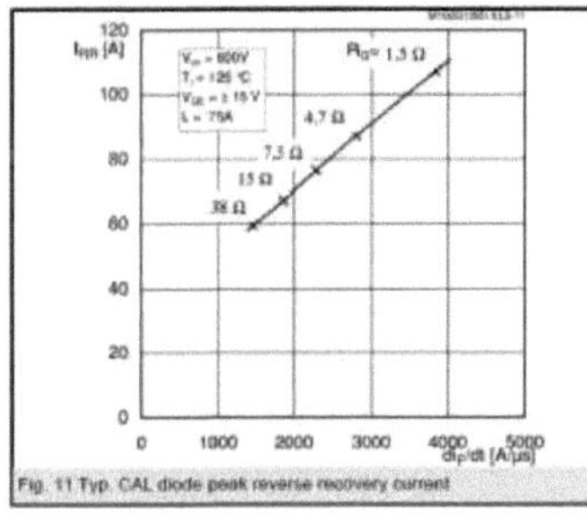

Fig. 11 Typ. CAL diode peak reverse recovery current

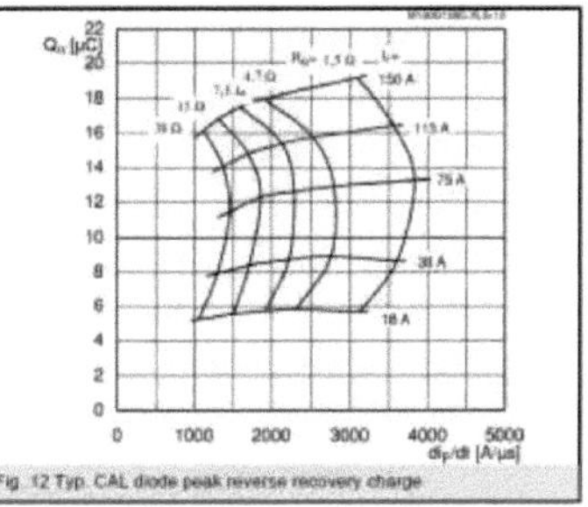

Fig. 12 Typ. CAL diode peak reverse recovery charge

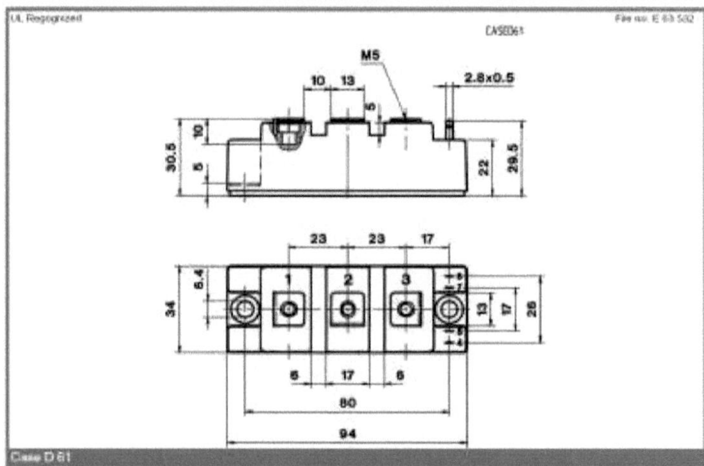

UL Recognized
File no. E 63 532
CASE061
M5
10 13
2.8x0.5
30.5
10
5
22
29.5
23 23 17
6.4
34
1 2 3
13 17 26
6 17 6
80
94
Case D 61

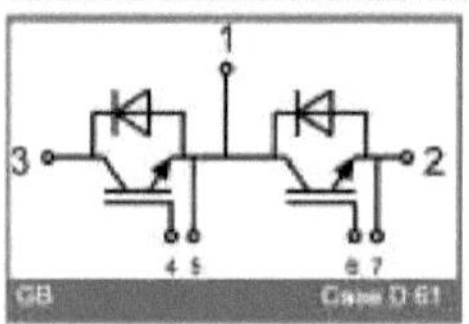

1
3
2
4 5
6 7
GB
Case D 61

I want morebooks!

Buy your books fast and straightforward online - at one of world's fastest growing online book stores! Environmentally sound due to Print-on-Demand technologies.

Buy your books online at
www.morebooks.shop

Achetez vos livres en ligne, vite et bien, sur l'une des librairies en ligne les plus performantes au monde!
En protégeant nos ressources et notre environnement grâce à l'impression à la demande.

La librairie en ligne pour acheter plus vite
www.morebooks.shop

Printed by Books on Demand GmbH, Norderstedt / Germany